液化侧扩流场地桩基地震
反应分析与抗震设计方法研究

刘春辉　苏雷　著

中国建材工业出版社

图书在版编目(CIP)数据

液化侧扩流场地桩基地震反应分析与抗震设计方法研
究 / 刘春辉，苏雷著．--北京：中国建材工业出版社，
2019.11（2020.4 重印）
ISBN 978-7-5160-2714-1

Ⅰ.①液… Ⅱ.①刘… ②苏… Ⅲ.①地基液化—桩
基础—防震设计—研究 Ⅳ.①TU441 ②TU352.104

中国版本图书馆 CIP 数据核字（2019）第 239096 号

内 容 简 介

　　强震下液化侧扩流场地基础设计是工程设计关注的重点，也是设计难点。由于桩基
具有良好的抗震性能，可以抵抗土体侧向大变形对桩产生的侧向荷载，而成为液化与液
化侧扩流场地中最常用的基础形式。然而，当前研究工作主要关注地震过程中桩土动力
响应规律，导致桩-土-上部结构相互作用机理并不明确，相关设计理论与方法差异性
很大。

　　鉴于此，本书以强震下近岸水平液化侧扩流场地桩-土-上部结构体系为研究对象，
采用大型振动台试验、动力有限元计算与理论分析，研究强震下近岸液化侧扩流场地桩
基典型动力反应，探讨地震过程中桩-土荷载传递规律，分析桩-土-上部结构体系惯性荷
载与运动荷载的相位关系；最后，基于文克尔地基梁模型发展液化侧扩流场地桩基抗震
设计方法。本书适用于从事桩基抗震设计与研究的工程师与科研人员。

液化侧扩流场地桩基地震反应分析与抗震设计方法研究

Yehua Cekuoliu Changdi Zhuangji Dizhen Fanying Fenxi yu Kangzhen Sheji Fangfa Yanjiu

刘春辉　苏雷　著

出版发行：中国建材工业出版社
地　　址：北京市海淀区三里河路 1 号
邮　　编：100044
经　　销：全国各地新华书店
印　　刷：北京雁林吉兆印刷有限公司
开　　本：787mm×1092mm　1/16
印　　张：11.5
字　　数：270 千字
版　　次：2019 年 11 月第 1 版
印　　次：2020 年 4 月第 2 次
定　　价：56.00 元

前　言

　　强震下液化侧扩流场地基础设计是工程设计关注的重点，也是设计难点。由于桩基具有良好的抗震性能，可以抵抗土体侧向大变形对桩产生的侧向荷载，而成为液化与液化侧扩流场地中最常用的基础形式。现阶段我国的桩基抗震设计大都基于拟静力分析方法提出，且主要针对非液化场地的桩基进行抗震设计，缺少考虑液化侧向流动效应的设计方法与必要的抗震技术细节。

　　在研究领域，各国学者对导致液化侧扩流场地桩基失效的原因存在较大的分歧。部分学者认为，地震作用下强烈桩-土运动相互作用是导致桩基破坏的控制性因素；另外一部分学者认为，上部结构-桩的惯性相互作用是导致桩基失效的最主要原因；还有学者认为，惯性效应与运动效应的耦合作用是导致桩基丧失使用功能的决定性因素。该分歧也导致了各国规范在进行液化侧扩流场地桩基设计时存在很大差异。

　　实际上，造成上述分歧的主要原因是强震作用下液化侧扩流场地桩-土-上部结构相互作用机理不明确。鉴于此，本书以强震下近岸水平液化侧扩流场地桩-土-上部结构体系为研究对象，采用大型振动台试验、动力有限元计算与理论分析，研究强震下近岸液化侧扩流场地桩基典型动力反应，探讨地震过程中桩-土荷载传递规律，重点分析桩-土-上部结构体系惯性效应与运动的相互作用机制，对其进行了近似解耦分析，并基于文克尔地基梁模型发展了液化侧扩流场地桩基抗震设计方法。液化侧扩流场地桩基抗震设计理论仍在不断发展，有许多问题处于探讨中，限于笔者水平有限，书中难免存在不妥之处，敬请各位读者批评指正。

编者

2019 年 8 月

目　录

第1章 绪 论

1.1 课题背景与研究意义

液化侧扩流[1-2]（liquefaction-induced lateral spreading）即在地震中由于饱和砂土液化侧向流动，引起地表土体剪切、拉伸破裂和侧向流动，从而导致微倾以及近岸水平场地发生有限且永久性侧向位移的现象。由于地震中应力循环的次数及其应力水平较高，因此地面位移通常较大，甚至可达数米[3-4]。典型的地震液化侧扩流现象如图 1-1 所示。

(a) 太子港地震　　　　　　　　　　(b) 基督城地震

图 1-1　典型的地震液化侧扩流现象[3]

一直以来，强震区液化以及液化侧扩流场地中基础的设计是工程设计关注的重点，也是设计难点[5-7]。由于桩基础可以将轴向荷载传递至下部稳定土层，能够满足场地液化情况下的承载力要求，并且具有良好的抗震性能，而成为液化与液化侧扩流场地中最常用的基础形式[8-9]。然而，在 1901 年美国旧金山地震、1964 年日本新潟地震、1964 年美国阿拉斯加地震、1975 年中国海城地震、1976 年中国唐山地震、1989 年美国加州 Loma Prieta 地震、1990 年菲律宾 Luzon 地震、1995 年日本阪神地震、1999 年中国台湾集集地震、2008 年中国汶川地震、2010 年智利地震、新西兰 Darfield 地震、海地太子港地震和智利康塞普西翁地震及 2011 年新西兰 Christchurch 地震中，均发生了液化与液化侧扩流场地桩基破坏的典型震害实例[10-23]。大量的震害实例引起了国内外学者的关注[4]，通过对桩基震害现象的分析，其中部分学者认为地震作用下强烈桩-土运动相互作用（土体液化侧向流动对桩产生很大侧向荷载）是导致桩基破坏的控制性因素；而另外一部分学者认为，地震作用下上部结构-桩的惯性相互作用是导致桩基失效的最主要原因；还有学者认为，惯性荷载与土体侧向流动效用的耦合作用是导致桩基丧失使用功能的决定性因素[24]。由上述分析可以看出，由于强震作用下液化侧扩流场地桩-土-上部结构相互作用规律非常复杂[25-27]，导致桩基破坏规律的研究尚未形成统一的认识。

近年来，我国桥梁建设发展速度日益加快且较多采用桩基[8]。由于我国地震多发且分布广、强度大，建桥区一般为极易发生液化侧扩流的近岸或微倾场地，因此强震下液化侧扩流造成桥梁桩基结构破坏成为我国桥梁桩基抗震中急需解决的难题之一[6,28]。如上所述，由于对强震下液化侧扩流场地桩-土-上部结构系统动力相互作用规律与桩基失效机制缺乏系统研究，迄今，国内外尚未形成液化侧扩流场地桩基地震反应分析与抗震设计的统一理论[7,29-30]。目前，我国涉及桩基抗震设计规范主要包括《公路工程抗震设计规范》[31]《铁路工程抗震设计规范》[32]《公路桥梁抗震设计细则》[33]《建筑桩基础技术规范》[34]《港口工程桩基规范》[35]和《建筑抗震设计规范》[36]，这些规范针对液化侧扩流场地桩基抗震设计的相关规定较少，且大多没有考虑地震动力效应，也没有采用动力分析方法。在桩土相互作用方面，《建筑桩基础技术规范》[34]中规定使用 m 法计算桩的水平抗力；《港口工程桩基规范》[35]中建议对重要工程应使用 $p-y$ 法计算；《建筑抗震设计规范》中规定当桩侧的地基土发生液化时，可根据液化的程度和场地情况酌情降低桩周摩阻力和水平抗力系数。在结构与桩基础惯性相互作用方面，《建筑抗震设计规范》[36]中规定一般情况下可不计入结构与地基相互作用的影响。总体来看，现阶段我国的桩基抗震设计大多基于拟静力分析方法提出，且主要针对非液化场地的桩基进行，缺少考虑液化侧向流动效应的设计方法与必要的抗震技术细节。

鉴于此，本书在国家自然科学基金项目"液化侧向扩流场地桥梁桩基强震反应与稳定性分析方法"（批准号：51378161。执行期：2014 年 1 月—2017 年 12 月）资助下，开展液化侧扩流场地桩基地震反应分析与抗震设计方法的研究工作。

1.2 液化侧扩流场地桩基震害实例

震害调查最主要的目的，是研究液化侧扩流场地桩基破坏模式、桩基沉降以及桩基侧向位移。通过震害调查，不仅可以获得地震现场的大量定性与定量地震反应、震害特征等有益的资料和经验关系，还可以发现新的工程地震问题，凝练新的土动力学研究课题，为理论分析与数值仿真研究结果提供真实可靠的验证依据与修正途径。

在历次破坏性地震中，均发现了大量液化侧扩流导致桩基及其上部结构破坏的震害实例。现有文献记载的最早液化侧扩流场地桩基破坏实例发生在 1906 年旧金山地震中，地震时土体发生侧向流动，整体流向雪河（Snow river），造成铁路桥梁木桩基础发生位移，最终导致桥梁倒塌[37]。该桥上部结构质量相对较小，地震中场地液化及其上覆土层的侧向流动是导致桩基失效的最主要因素。1964 年阿拉斯加地震中，土体侧向流动共造成 250 多座桥梁受损[38-39]，其中 605A 桥在地震发生时仅完成了桩基与桥墩的施工，尚未开始上部结构的建设，但在此次地震中该桥钢管混凝土桩发生了 15° 的侧向倾斜，丧失使用功能，属于典型的仅由桩-土运动相互作用产生桩基震害的实例。在 1976 年中国唐山地震中，天津新港海洋石油研究所单层排架厂房桩基在地震中也未进行上部结构施工，震后对地基开挖发现，预支方桩身产生了明显的裂缝与混凝土脱落现象。该桩基的破坏也是由于地震过程中强烈的桩-土运动相互作用导致的[40]。

地震结束之后，土体液化侧向流动仍可能造成桩基及其上部结构破坏。对于该种类型的桩基破坏，以 1964 年日本新潟地震中昭和大桥倒塌（图 1-2）最为著名[41]。该桥长 303.9m，基础形式为外径 609mm 的钢管桩。震害调查表明，大桥倒塌并不是发生在地震过程中，而是发生在主震结束之后 70s 左右，桥梁的 G6 跨首先倒塌，引起了 G3～G7 跨连锁倒塌。其中，P4 桩的破坏最为严重，该桩在地表以下 10m 发生了向河心方向的弯曲破坏，且在地表下 3m 左右产生了反弯破坏，桩顶与桥梁接触位置产生了 930mm 向右岸的水平位移 [图 1-2 (b)]。由于该桥梁的破坏最具代表性意义，震后众多学者对桥梁倒塌与桩基失效的原因进行了分析，给出了不同的解释。其中，日本学者 Hamada 基于大桥在主震后 70s 发生倒塌的事实，指出桩基的破坏是由震后液化土层的侧向流动造成，而非地震过程中上部结构产生的惯性荷载引起的。目前，该观点被最为广泛接受。

(a) 1964年日本新潟地震中昭和大桥倒塌

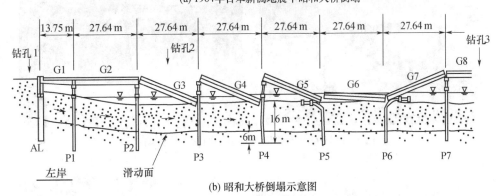

(b) 昭和大桥倒塌示意图

图 1-2 日本昭和大桥震害[41]

液化侧扩流场地桩基震害破坏更多的是由于运动相互作用和惯性相互作用联合作用的结果。例如，在 1964 年日本新潟地震中，液化侧扩流造成无数结构的混凝土桩基础位移过大并失效[42]。在 1989 年美国 Loma Prieta（洛马·普里埃塔）地震中，地震液化侧向流动造成港口设施以及海洋建筑的严重破坏，其中奥克兰港第七街区的震害最为典型（图 1-3），该地区土体向旧金山湾发生侧向流动，造成桩承码头以及上部结构破坏[43]。在 1990 年菲律宾 Luzon 地震中 Magsayay 桥倒塌，由于西侧桥台发生 2m 的侧向流动，导致 4 跨简支桥梁倒塌[18]。在 1995 年日本阪神地震中[44]，液化侧向流动与上部结构惯性效应共同作用导致宫西大桥倒塌（图1-4）。在1999年台湾集集地震[45]中，3号高速公路附近场地发生大面积液化侧向流动，并导致公路桥梁发生倒塌。在1995年日本阪神地震中，神户市附近港岛的一间桩承仓库发生纯剪切破坏，其主要由上部结构惯性作用与1.5m的土体侧向位移共同作用引起，且其在设计时主要考虑满足竖向承载力，没有考虑由于强震动产生的惯性荷载和侧向流动引起的横向荷载[46]。2011年新西兰基督城地震中发生大量桩承桥梁破坏的震害实例（图1-5），Haskell等[11]的震害调查结果表明，这些桥梁的破坏主要是液化土体侧向流动产生的巨大侧向荷载与强烈的地震动共同作用导致的结果。

图1-3 Loma Prieta地震中土体侧向流动与桩基破坏[43]

图1-4 1995年日本阪神地震中西宫大桥倒塌[14]

图1-5 2011年新西兰基督城地震中South Brighton桥桩基破坏[11]

地震中，液化侧扩流场地桩基承载力丧失与土体侧向流动的耦合作用同样也是引发桩基震害的重要原因之一。例如，在 1991 年 Costa Rica 地震中，液化导致桩基竖向和侧向承载力丧失，致使桩基下沉柱墩发生侧向位移，最终导致跨度为 13 跨的 Carmen 桥有 6 跨倒塌[37,47]。1995 年阪神[48]地震中，Nishinimiya 桥引桥发生倒塌，沉箱基础水平移动了 0.6m，侧向荷载以及抗侧阻力的降低是其倒塌的主要原因。Tokimatsu[49]等报道了神户和尼琦之间回填土地区挡墙在地震中向海洋移动数米。Mizuno 等[50]调查了 30 起基础破坏震害实例，发现液化侧向流动是破坏的主要原因，震害主要形式有剪切破坏、弯曲破坏以及桩顶超扭转破坏，破坏的基础包括预制混凝土桩、现浇混凝土桩和钢管桩。

以往地震中也出现过仅发生液化而未产生侧向流动场地中的桩基破坏案例。例如，在 1995 年神户地震中，港岛部分建筑桩基发生破坏，但场地并未发生明显侧向位移[51-52]。如图 1-6 所示，港岛某 3 层建筑在地震之后桩基失效，但地基并未发生明显侧向位移。该震害案例表明，除液化侧扩流引起的桩土运动相互作用外，地震过程中强烈的上部结构-桩惯性相互作用同样可能造成桩基破坏。

图 1-6　1995 年日本神户地震中水平地基上桩承建筑发生倾斜[51]

由震害实例可以发现，液化引起的侧向流动会造成结构、桥梁以及临海结构桩基础的严重破坏。侧向流动也会引起桩体发生较大侧向位移，造成上部结构发生严重破坏或者倒塌。然而，液化侧扩流场地中桩基破坏的原因涉及桩-土-结构运动相互作用与惯性相互作用、两者是否耦合作用、如何耦合等复杂问题，导致现阶段针对液化侧扩流场地中桩基响应规律以及桩-土-结构相互作用机理的认知并不清楚，使得这一问题在今天仍然会造成巨大破坏和损失[53]。因此，迫切需要针对液化侧扩流场地桩基动力响应规律以及桩-土-结构相互作用机理进行研究，改进强震作用下侧向流动场地中桩基性态，以保证在将来地震中不会发生类似破坏。

1.3　国内外研究现状

通过震害分析可以看出，强震下液化侧扩流场地桩基抗震问题是非常复杂的非线性动力问题，涉及场地液化、侧向大变形、桩-土-上部结构运动和惯性相互作用及其效应耦合等复杂子问题。针对这一问题，大量学者通过试验和数值计算等手段开展研究，下面进行简要总结与分析。

1.3.1 物理模拟试验

近年来，物理模型试验成为研究土体液化侧向流动及其对桩基影响的重要工具。其主要有振动台试验、离心机试验以及现场试验。这些开创性的物理模型研究为校正分析设计方法提供了宝贵试验数据，为液化场地桩基反应的复杂机理提供了新见解。

1.3.1.1 振动台试验

1g 振动台试验被广泛应用于研究液化及液化引起的侧向流动对桩基的影响，其中日本最早开展这方面的研究工作。日本学者 Hamada 等[54]研究了液化侧扩流对地下结构的影响，试验测量刚性挡墙液化土压力、液化侧扩流对钢桩的影响以及作用在液化土体中球体的荷载。基于试验得出，液化土体的土压力大致等于等效相对密度液体的压力，土体侧向流动产生横向荷载大小与地面位移无关，而取决于地面流动的速度。Hamada[55]采用刚性土箱（长 3m、宽 1m、高 0.6m）开展 1g 振动台试验，研究液化侧扩流场地中桩基特性，试验得出模型桩承受的液化土反力可采用黏性液体在圆柱体周围流动产生的拖曳力估计。

Motamed 等针对 3×3 群桩开展 1g 振动台试验[56]，试验模型土层厚度为 50cm，采用挡墙触发液化侧向流动。试验结果表明，作用在群桩中各基桩上的土压力大小取决于其在群桩中的位置，针对 3×3 群桩进行了 6 个振动台试验[57]，同样采用挡墙触发液化侧向流动（图 1-7），模型土层厚度为 60cm，研究了液化侧扩流场地中群桩响应规律，并重点分析了三种抗液化侧扩流措施。类似的，Haeri 等[58-59]利用 1g 振动台试验研究场地倾斜情况下土体液化侧扩流对桩基动力响应的影响，模型土层厚度为 1.0m（图 1-8），并通过比较单桩与群桩的弯矩响应，分析了不同布置形式群桩的群桩效应。

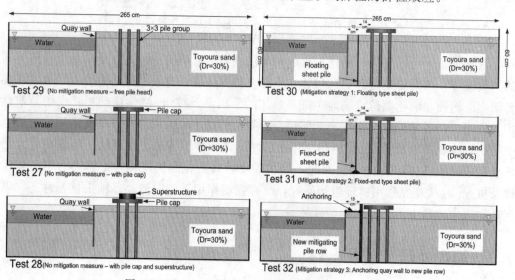

图 1-7　Motamed 等开展的 3×3 群桩振动台试验[57]

图 1-8　Haeri 等完成的 1g 振动台试验[58]

此外，日本与美国学者完成了一系列大型振动台桩基原型试验。此类试验的模型尺寸较大，一般都能达到几米。需要指出的是，尽管在此类试验中土体的有效应力状态与实际工程较为接近，但仍存在较大的差异（实际工程中基桩一般为十几到几十米）。例如，Dobry 等[60]针对倾斜液化侧扩流场地，开展了液化侧向流场地足尺寸振动台试验，试验中模型倾斜一定角度，土层厚度达到 5.57m（图 1-9），通过试验结果系统分析了液化侧扩流机理。Elgamal 与 He[61-62]等开展了液化侧扩流场地桩基抗震大型振动台试验，试验模型土层厚度为 5.0m（图 1-10），重点分析了液化侧向流动对桩的影响和土体侧向流动过程中作用在桩上液化侧向土压力的大小，并基于试验结果，对开发的弹塑性本构模型进行了校核。Cubrinovski 等[63]开展了大型足尺寸振动台试验，试验模型土层厚度为 4.8m，研究了液化侧扩流场地中桩基动力响应，试验得出上覆非液化土层作用在桩上的土压力约为朗肯被动土压力的 4.5 倍。Motamed 等[64-65]为研究液化侧扩流对桩基动力响应的影响，利用 E-Defense 大型振动台设备开展了两次振动台试验，两次试验模型类似，桩基都为 2×3 群桩，模型土层厚度为 4.5m（图 1-11），两者的区别在于挡墙类型不同（分别为重力式挡墙与板桩式挡墙），试验中采用压力传感器测量了液化侧向流动土压力的大小，并与日本公路协会和日本圬工协会规范推荐压力值进行了比较。

国内，采用振动台试验手段针对液化场地桩基抗震问题开展了一系列研究工作，但大部分没有考虑地震作用下场地的液化侧向流动，且模型尺寸相对较小，最大土层厚度都在 1.5m 以下。陈文化等[66]完成了一系列振动台试验，通过试验结果分析了砂土液化不同阶段引起的流滑机制，并建立了流滑变形模型。冯士伦等[67]开展了液化土层中桩基抗震性能振动台试验，试验模型土层厚度为 50cm，根据试验结果建立了砂土动力 $p-y$ 曲线，研究了液化场地桩基横向承载性能。王志华等[68]针对倾斜场地开展了单桩振动台模型试验，模型尺寸同样较小，最大土层厚度达 50cm，研究了土体流滑对摩擦桩力学性能的影响。李雨润等[69]开展了一系列小型振动台试验，研究了不同密度饱和砂土场地中桩-土相互作用规律，并分析液化对桩-土-承台体系动力反应的影响。凌贤长等[70]完成了不同桩基类型、不同土层特性、不同上部结构类型的振动台试验，针对液化以及液化侧扩流场地桩-土-结构地震相互作用问题进行了较为细致的研究，总结了液

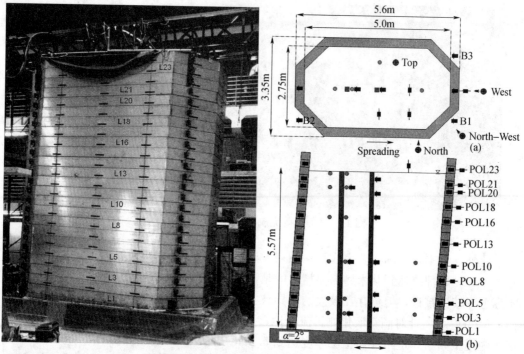

图 1-9 Dobry 等开展的足尺寸振动台试验[60]

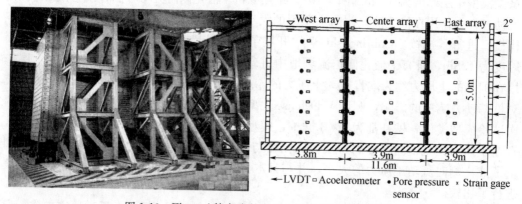

图 1-10 Elgamal 等完成的足尺寸单桩振动台试验[61]

化场地中桩基典型的响应规律与破坏模式[71-73]。凌贤长等[74]针对液化侧扩流场地桩-土相互作用开展了振动台模型试验研究，试验中采用挡墙触发液化侧向流动，得到了作用在桩上的液化侧向土压力大小，并提出了用于桩基设计的简化计算方法。

　　通过振动台模型试验，可以获取液化侧扩流场地中桩基的地震反应，但是由于振动台试验模型深度有限，不能模拟场地真实的应力状态[75]，也就是说，液化侧扩流场地缩尺模型产生的应力要小于实际场地的应力，即使现阶段完成的足尺寸振动台试验，其最大土层厚度也仅为 5m，仍小于实际桩基场地的应力状态（实际工程中桩基埋深可达几十米）。因此，模型土体特性与实际场地反应不同。此外，振动台模型试验还存在排水路径较短以及刚性箱对模型特性的影响较大等缺点。

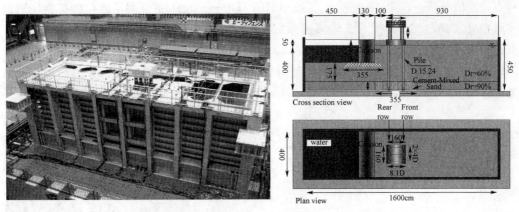

图 1-11　Motamed 等完成的足尺振动台试验[64]

1.3.1.2　离心机振动台试验

离心机振动台试验可以采用较小模型来模拟大尺寸原型场地的应力状态。根据相似准则，试验模型可以为原型的 $1/N$，模型放入离心机内部的振动台后施加 N 倍重力加速度，模型土层的应力状态便达到自然状态下的 N 倍[76-83]，该模型便可模拟原型桩-土的反应。

由于离心机试验具有上述优点，被广泛用于液化侧扩流场地桩基抗震研究。日本学者 Sato 利用离心机试验手段研究液化侧扩流场地中沉箱式挡墙后方 2×3 群桩抗震性能。Abdoun 和 Dobry 等[84-87]针对倾斜液化侧扩流场地，完成了不同几何条件和土层条件下单桩与群桩离心机模型试验，分析了土体液化侧向流动对桩基动力性能的影响。试验结果表明，非液化土层显著增加了液化侧扩流场地桩基的弯矩反应，与非液化土层相比，液化土体对桩产生侧向荷载相对较小；并通过不同工况下 6 个单桩离心机试验结果反算液化侧向流动土压力，认为作用在桩体上的液化侧向压力呈均匀分布，大小为 10.3kPa。McVay 等[88-89]基于离心机振动台试验研究液化侧扩流场地中作用在群桩上（3×3 和 7×3）的侧向流动土压力，发现作用在群桩后排的侧向压力最大，前排桩所受侧向土压力最小，且各基桩所受侧向土压力的大小仅与其位置有关。Haigh 等、Madabhushi 等[81-83]和 Coelho 等[78]在剑桥离心机实验室，采用硅油饱和砂土研究微倾场地液化侧扩流场地桩基动力反应。试验结果表明，作用在桩上的侧向流动荷载非常明显，大于现有的一些推荐值（如日本公路协会规范[90]和 Dobry 等[91]的推荐值）；另外，试验中孔压消散速度较流体为水的试验结果慢很多。Brandenberg 等[92-95]开展离心机试验（图 1-12）研究液化侧扩流条件下桩体反应，试验中所有的土层倾斜 3°，河岸坡度为 25°。试验结果表明，在关键荷载循环，液化土层产生的侧向流动土压力为上坡向的阻力，而非下坡向的推力，需要特别注意的是，该结论与其他学者[78,81-82,84-87,91]的研究结论不同。Bhattacharya[96]采用离心机试验研究液化使得土体强度和刚度丧失后桩基础的弯曲特性，发现屈曲破坏是液化场地桩基破坏的主要机制，并通过反算 15 起地震中桩基状态，验证了这一破坏机理的正确性[97-101]。Takemura[102]基于离心机模型试验结果，研究地震作用下桩支码头动力反应规律，重点分析了桩失效机理和土体液化侧向流动对桩支码头体系的影响。Tobita 等[103]完成了 3×3 群桩离心机试验，并针对该试验开展了有限元数值分析。González 等[104-105]采用 RPI 离心机试验设备开展了液化侧扩流场地群桩离心机试验，重点分析了土体渗透系数对桩基响应的影响。Ubilla 等[86]对桩基侧扩流离心机试验中的相似法则进行研究。Tasiopoulou 等[106]针对近岸水平场地开展了离心机试验与简化分析，通过试验与简化分析对土体液化侧向位移和作用在桩上的液化侧向流动土压力进行计算。

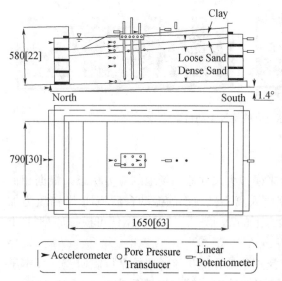

图 1-12　Brandenberg 等完成的离心机振动台试验[96]

　　国内，汪明武等[107]针对倾斜液化侧扩流场地中桩基抗震性能开展离心机试验与数值计算研究，并将试验结果与水平液化和非液化场地中桩基反应进行了对比分析。结果表明，地震作用下倾斜场地发生液化，产生较大的土体侧向流动，造成桩基侧向变形与桩基弯矩增大。苏栋和李相菘[108]开展了液化场地单桩离心机模型试验，分析了饱和砂土场地单桩-结构的地震反应，并开展了数值模拟，得到了桩土相对位移和侧向土压力。王睿等[109]完成了倾斜场地刚性单桩离心机试验，试验记录了土体的加速度、位移、孔压反应和桩的弯矩反应。试验结果表明，土体液化前、液化后及地震结束后 3 个阶段桩的受力存在显著差异。梁孟根等[110]完成了自由场地砂土液化离心机试验，得到了液化场地土体动力反应规律。

　　应当注意的是，采用离心机试验研究岩土问题（如侧向流动场地桩基特性）时存在以下不足：孔隙尺寸和渗透性的缩尺、孔隙水流动速率的缩尺以及土颗粒的缩尺很难满足相似条件；由于模型尺寸很小，模型中能够布置的传感器数量相对较少；此外，由于重力场的影响，液化土体沿着离心机的曲面匹配半径流动[37]。对液化侧扩流场地中离心机振动台试验而言，为了得到桩体弯矩及侧向压力分布，需要布置应变片，但在离心机模型中，粘贴应变片非常困难。

1.3.1.3　足尺寸现场试验

　　足尺寸现场试验成本很高，且需要花费较长时间，因此关于液化侧扩流场地桩基足尺寸现场试验的研究较少，目前仅有一例相关试验研究。该类试验场地的应力状态和桩基布置可以与实际工程完全相同，试验结果与真实状态更为接近，但该类试验中场地液化的触发较为困难。Ashford 与 Juimarongrit 等[111-114]开展了足尺寸试验（图 1-13），该试验采用控制爆炸的方法触发土体的液化与侧向流动，以研究液化侧向流动对桩基础的影响。现场测试场地在日本 Hokkaido Island 的 Tokachi 港开展，场地宽约 25m、长约 100m，土体为回填土，采用水填法填筑。由于没有进行任何加固措施，场地非常疏松，很容易发生液化。试验场地布置有多种桩基，包括 UCSD 的单桩、早稻田大学的一个群桩、Ashford 研究团队的 4 桩群桩与 9 桩群桩。每根桩上都贴有应变片，用来测量侧向流动过程中桩体弯矩分布。单桩和群桩的弯矩分布表明，液化体层的整体流动没有产生明显荷载，但上部非液化土层对桩产生较大的侧向荷载。

图 1-13 Ashford 等的桩基础原位试验[113]

通过总结上述液化侧扩流场地桩基地震反应试验研究可以发现，现有试验更多地关注倾斜液侧扩流场地桩基的动力响应，针对近岸液化侧扩流场地中开展的试验研究相对较少，并且主要分析桩基的动力响应规律，缺少针对液化侧向土压力的研究工作；尽管一些学者针对倾斜场地中作用在桩上的液化侧向流动土压力进行了分析，但更多的是关注单桩问题，对于作用在群桩上的侧向流动土压力，通常将群桩视为整体，考虑作用在群桩上的土压力，然后进行平均，取平均值进行设计，或者直接采用单桩结果，这显然是不合理的。

1.3.2 数值模拟分析

采用有限元方法（FEM）的主要优势是其能够刻画液化机理、液化土的剪缩和剪胀以及桩-土-流体的耦合或者相互作用。因此，有限元分析是研究液化侧扩流场地桩基反应的理想方法。然而，计算结果取决于所采用本构模型的精度，因此需要合理的本构来分析此类问题，而合理的本构需要基于试验数据提出和验证。

由于有限元模型建立过程复杂，很难针对所有实际工程进行分析，当前有限元方法主要用于研究领域。Fujii 等[115]采用二维有限元模型来分析液化场地桩基的破坏，但没有考虑液化引起的侧向流动。Tazoh 等[116]采用三维有限元模型分析 1995 年日本阪神地震中神户市 Hanshin 高速公路桥桩基础的破坏。在其研究中，分别考虑了液化场地和液化侧扩流场地桩基础的响应。最早 Fukutake 和 Matsuoka[117]采用 Ramberg-Osgood 模型来模拟土体液化，并采用静力分析来模拟液化土体的侧向流动。Finn 和 Fujita[118]采用三维有限元分析模型方法研究液化场地的桩基响应问题。Rourke 等[119]是较早开展液化侧扩流场地桩基动力反应数值模拟方法研究的学者，其基于有限元程序 B-STRUCT，分析研究了液化侧向扩流场地桩基的动力反应规律与特性。Rajaparthy 等[120]基于数值程序 XTRACT 对侧向扩流场地桩基进行模拟，得出液化侧扩流产生的侧向土压力和侧向位移。Koyamada 等[121]采用数值模拟方法，研究了超孔压效应对桩基结构地震响应的影响。Uzuoka 等[122]基于流体动力学的理论，针对液化侧扩流场地建立数值模型，对该数值模型进行了验证，给出了液化侧扩流场地土体侧向位移规律。随后，Hadush 等[123]进一步完善了该方法。Cubrinovski 等[124]基于三维有效应力分析方法，对侧向扩流场地桩基振动台试验进行数值模拟与分析。Lin 等[125]采用有限元方法，分析液化侧向扩流土体对桩基的影响效应[83]。Algamal 等[126]采用水-土动力耦合理论，引入土的多屈服面弹塑性本构，基于 OpenSees 数值平台，建立了液化侧向扩流场地桩基地震反应三维有限元分析模型。Mansour 等[127]采用二维有限差分计算程序，评估液化侧向扩流场地中桩基的动力性能。Chen 等[128]采用有限差分程序，探讨了液化侧向扩流作用下，抗滑群桩-土-结构动力相互作用规律。为了模拟桩的销钉效应及抵抗液化侧向扩流效应，Zhao 等建立了液化侧扩流场地桩基反应分析的数值模拟方法。Takahashi 等[129]通过三维动力有限元分析方法，研究了地震过程中土体液化侧向流动引起桥墩永久性侧向位移的变化规律。Dash 等[130]针对桩基震害实例，采用数值方法分析了液化侧向扩流土体引起桩的弯曲和沉降作用。García 等[131]借助数值方法，提出了液化侧向扩流场地桩基的荷载效应。Haldar 等[132]基于液化侧向扩流场地桩基地震反应分析有限元方法，研究了土和桩的计算参数、地震动对桩基潜在的破坏效应。Murono 等[133]根据数值模拟方法，研究了惯性荷载和运动相互作用荷载对桩基的地震作用，提出了考虑上述两种作用效应的两阶段桩基抗震设计方法。Assaf 等[134]建立了两类桩-土地震相互作用数值模型，一类孔压采用自由场孔压；另一类孔压与三维流动相关。其结果表明，两类模拟孔压的方法存在孔压阈值，当孔压小于阈值时，两种模拟方法结果接近，且桩-土相互作用会影响孔压阈值。Elgamal 等[135]采用 OpenSees 有限元计算平台开展数值模拟，分析了碎石桩作为抗液化及液化侧扩流措施的有效性。Chang 等[136]基于 OpenSees 有限元计算平台，针对离心机试验进行了二维非线性动力有限元模拟，数值模型中考虑了模型箱体的影响，通过与试验结果（土体和桩）的对比，验证了非线性动力有限元模型的正确性。Kamai 和 Boulanger[137-138]开发了临界状态砂土本构模型，以模拟砂土液化过程中的动力反应，将该模型嵌入 FLAC 有限差分程序，并采用离心机试验对数值模型进行了验证，结果表明数值模型可以很好地再现液化引起的土体侧向流动与孔隙水压力重分布现象。Wang 等[139]开发了砂土统一塑性模型，该模型能够模拟液化后土体大变形，建立了液化场地桩基地震反应有限元模型，并基于离心振动台试验结果对数值模型的可靠性进行了验证，最后分析了承台、土体侧向流动以及上覆非液化土层对桩基地震响应的影响。Cheng 和 Jeremic[140]基于有限元数值模拟，研究了液化侧向扩流场地中桩的销钉效应。

由于强震作用下液化侧扩流场地有限元分析建模复杂，涉及桩土界面的模拟、多相介质的模拟、土体大变形等问题。因此，现阶段针对液化侧扩流场地桩基反应数值模拟的研究相对较少，且存在桩-土界面模拟方法不合理等问题。

1.3.3 桩-土-结构相互作用

地震作用下，液化侧扩流场地中桩基响应受强烈的桩土相互作用控制，该相互作用包括桩土之间的运动相互作用和上部结构与桩基的惯性相互作用。动力作用下，这两种相互作用耦合在一起，导致桩-土-上部结构体系相互作用的分析异常困难。目前，多采用离心机模型试验、振动台试验、现场试验以及大型有限元模拟等手段分析桩-土-上部结构体系的动力相互作用，在设计中，一般将运动相互作用和惯性相互作用进行解耦分析。

1.3.3.1 运动相互作用

Poulos 和 Davis[141]在 Terzaghi 的研究基础上，针对水平静荷载作用下桩基的线弹性响应进行了分析，分别给出了不同工况下桩基响应的解析解。基于这一思路，Tazoh 等[142]、Fan 等[143]以及 Gazetas 等[144]给出动力作用下桩基响应的弹性解，并发展了桩-土运动相互因子的概念，该概念采用桩顶位移与自由场土体位移的比值考虑桩-土之间的运动相互作用。需要指出的是，尽管一些学者针对不同工况下的弹性解进行了推广，但该方法仅能考虑场地较为简单情况下桩土的弹性响应，且仅能进行简谐振动分析，很难在液化及液化侧扩流等复杂场地中进行推广应用，因此其实用性受到了很大的限制。

随着实际工程的需要，文克尔地基梁计算方法得到了更多的关注，该方法最早为美国石油工程协会所采用，用于考虑桩承海洋平台在水平风、浪以及地震荷载作用下产生的强烈非线性桩土相互作用。$p-y$ 曲线法是在文克尔地基梁法的基础上发展而来的，该方法将桩土相互作用离散化为非线性弹簧，进而求解桩的平衡方程。McClelland 和 Fotch[145]较早建立了非线性 $p-y$ 模型。随后，Matlock 等[146]在黏土与砂土场地开展了一系列桩头加载现场试验，并依据试验结果给出了黏土与砂土场地中桩基 $p-y$ 关系曲线。美国石油协会（API）规范[147]采用了 Matlock 与 Reese 等提出的 $p-y$ 关系曲线，并很快应用于建筑等领域。但上述 $p-y$ 曲线仅能用于非液化的情况。考虑地震过程中液化场地 $p-y$ 曲线的弱化效应，众多学者开展了研究，如 Liu 和 Dobry[148]采用离心机试验对液化场地 $p-y$ 曲线进行研究。试验中，首先将饱和砂土地基振动至液化，然后在桩顶施加水平循环荷载，由试验结果得出，桩头荷载与孔压关系接近线性，孔压越大荷载越小。Brandenberg[95]采用离心机试验开展液化场地桩-土相互作用研究，基于试验结果分析了砂土液化对 $p-y$ 曲线的软化效应，给出了 API 规范中砂土 $p-y$ 曲线的折减系数。日本建筑学会（AIJ）规范[149]也采用类似的方式定义液化砂土中的 $p-y$ 关系曲线，但是折减系数与 Brandenberg 等研究结果不同。Ashford 等[111]开展了液化侧扩流场地桩基响应现场试验，试验中采用爆炸方式触发场地液化侧向流动，试验记录了场地的加速度、孔压以及桩的弯矩响应，并据此发展了液化侧扩流场地 $p-y$ 曲线。类似的，Rollins 等[150]开展了液化场地群桩现场试验，同样采用爆炸方式触发场地液化，并提出了液化地基中桩土的 $p-y$ 关系曲线。

Dobry 等[91]采用极限平衡法考虑液化侧扩流场地中桩土相互作用，该方法基于不同工况下液化侧扩流场地桩基离心机试验结果提出，试验考虑了不同的桩基布置、不同的土层条件，认为液化侧扩流场地中，液化土层侧向流动对桩产生的侧向力约为

10.3kPa。Cubrinovski 等[63]完成了大型振动台试验，试验中首先将土体振动至液化，然后对叠环式模型箱进行水平单调加载，研究可液化场地中土体侧向流动对桩基受力和变形的影响。依据试验结果，建议对液化土体中桩土相互作用采用线弹性反力折减进行计算，并给出了折减系数与液化层顶部位移的关系。

1.3.3.2 惯性相互作用

依据现行抗震设计思想，在设计过程中需保证结构的自振周期大于场地特征周期。由于桩-土-结构体系相互作用会增加体系自振周期（土体对桩的约束作用不能达到完全的刚性约束），在这种情况下，结构的加速度响应会减小，因此，考虑桩-土-结构体系相互会对结构惯性作用产生有利影响。基于此，我国《建筑抗震设计规范》与其他各国规范一般都规定在计算结构惯性力时可不计入相互作用的影响。然而，近年来的震害调查结果表明，上述设计思想过于危险。例如，Gazetas 和 Mylonakis[151]通过对地震资料的总结发现，在 1977 年 Bucharest 地震、1985 年墨西哥城地震和 1995 年日本阪神地震等强震中，场地反应谱特征周期都在 1s 以上，而现阶段各国规范中设计反应谱特征周期基本在 0.4~1.0s，我国的《建筑抗震设计规范》中设计反应谱特征周期最大值仅为 0.9s。这使得液化场地中桩-土-上部结构相互作用引起的结构自振周期增大，可能导致采用目前规范方法计算结构惯性作用不仅不偏于保守，反而偏于危险。陈国兴[152]也指出忽略土-结构惯性相互作用可能会导致设计结果偏于危险。考虑地震过程中的惯性作用，Novak[153]以及 Gazetas 和 Dobry[154]在弹性理论的基础上建立了桩头阻抗模型，采用弹簧阻尼系统考虑桩基对上部结构惯性作用的影响。

1.3.3.3 运动相互作用与惯性相互作用耦合分析

液化侧扩流场地中桩-土-结构体系强烈的相互作用是导致桩基失效的最主要原因，该相互作用包含桩-土运动相互作用和惯性相互作用，地震过程中两者相互耦合。液化侧扩流场地中桩基抗震设计需要解决两种相互作用的耦合问题，重点考虑两者峰值相位关系与组合方式。

传统研究中通常认为可以将结构的峰值惯性作用和桩-土运动相互作用直接叠加反映总的动力相互作用。例如，我国《建筑桩基技术规范》[34]中规定采用拟静力法计算桩基内力时，需要同时考虑惯性荷载与土体变形，即将惯性荷载施加在桩顶并与施加在桩基上的土层变形叠加，共同计算桩基础内力。Abghari 和 Chai[155]以及 Tabesh 和 Poulos[156]在拟静力分析中采用反应谱最大值计算上部结构惯性荷载并与运动作用直接叠加，计算桩内力反应。而 Liyanapathirana 和 Poulos[157]认为采用反应谱最大值计算结构惯性荷载过于保守，对液化与液化侧扩流场地可采用地表峰值加速度计算结构惯性荷载，并与地基最大位移同时施加在桩基上，计算桩基受力与变形。Tokimatsu[158]通过群桩大型振动台试验对可液化场地中桩-土运动相互作用和桩-上部结构惯性相互作用的耦合方式进行了研究，试验包括两组干砂和两组饱和砂土场地，桩基为 2×2 低承台群桩，记录了试验过程中结构加速度、土体位移和桩基础弯矩的动力响应，重点分析了上部结构自振周期对惯性相互作用和运动相互作用相位关系的影响，其分析结果表明地震过程中结构自振周期严重影响桩土运动相互作用与桩-上部结构的惯性相互作用之间的相位关系，即当结构自振周期小于场地特征周期时，两种相互作用相位相同，桩身最大弯矩为惯性作用与运动作用之和；当结构自振周期大于场地特征周期时，两者相位差 $90°$，$M_{max} = (M_{imax}^2 + M_{kmax}^2)^{0.5}$，其中 M_{imax} 为峰值惯性相互作用引起的弯矩，M_{kmax} 为峰值运动相互作用引起的弯矩。需要指出的是，液化后场地特征周期一般大于上部结构自振周期，因此试验结果属于第一种情况。Adach 等[159]针对 3×3 高承台群桩开展振动台试验，试验结果表明，峰值惯性荷载与峰值运动荷载并未同时出现。苏栋和李相崧[108]开展了可液化场地单桩离心机振动台试验，试验中桩基础弯矩和上部结构加速度在时间上相关，峰值同时出现。Brandenberg 等[95]开展了液化侧扩流场地单桩和群桩基础的离心机振动台试验，试验数据表明不同的工况下惯性相互作用和运动相互作用的相位关系并不局限于同相和正交。Chang 等[160]基于离心机试验与有限元计算相结合的手段，针对液化侧扩流场地中桩土相互作用进行了研究，重点分析了桩基刚度、非液化土层强度、上部结构周期以及非液化土层厚度等因素对桩土相互作用的影响，并给出了液化侧扩流场地桩基抗震设计方法。Arash 等[161-163]基于有限元手段，针对液化侧扩流场地桩土相互作用进行研究，土体采用一维土柱模拟，考虑了桩的非线性，采用三种工况近似解耦了液化侧扩流场地中的惯性效应与运动效应，并基于解耦结果给出了简化计算方法。

总结上述研究成果可以发现，目前对于液化侧扩流场地桩-土-结构惯性相互作用和运动相互作用的相位关系认识尚不清楚，且在设计中如何考虑这两种作用也是现阶段研究和工程设计中遇到的最大难题。

1.3.4 抗震设计方法

尽管动力非线性有限元方法能够很好地模拟桩基在地震过程中的地震特性，能够考虑土体液化效应、桩土耦合效应，但该方法建模复杂、计算时间长，并且需要很强的工程经验判断计算结果是否合理，因此在实际工程设计中动力有限元分析应用较少。简化的等效静力设计方法具有使用简单、计算速度快、能够得到体系最大响应的优点，而被广泛应用于桩基设计中。

现阶段，文克尔地基梁法是液化侧扩流场地中桩基设计最为常用的等效静力设计方法。在文克尔地基梁法中，液化侧向流动需求的考虑方法主要有两种：基于力的方法和基于位移的方法（图 1-14）。在基于力的文克尔地基梁法中，土体的侧向流动效应由等效荷载代替，并将该荷载直接施加在桩基上，对于下方非流动部分的土体，采用 $p-y$ 弹簧代替。该方法中假定土体侧向流动足够大，土体侧向流动产生的侧向土压力能够达到极值，因此，侧向流动土压力的大小与自由场土体位移的大小无关。对于基于位移的文克尔地基梁法，将土体侧向位移施加在 $p-y$ 弹簧的自由端，产生的土压力取决于桩土相对位移。

日本公路协会（JRA）规范推荐在液化侧扩流场地中桩基设计采用基于力的抗震设计方法，认为上覆非液化土层产生的土压力大小约为被动土压力，液化土层产生的土压力小于等效静水压力，其大小约为土体自重应力的 30%。美国学者 Dobry 等也提出了基于力的桩基设计方法，认为液化土层产生的侧向土压力大小约为 10.3kPa。比较而言，基于位移的桩基设计方法应用更为广泛，该方法需要确定自由场土体位移，大小可由经验公式或者现场试验等方法得到。

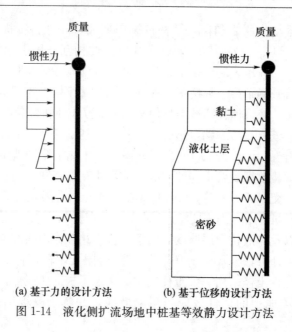

(a) 基于力的设计方法　　(b) 基于位移的设计方法

图 1-14　液化侧扩流场地中桩基等效静力设计方法

　　如何考虑惯性荷载、运动效应及其效应组合，是液化侧扩流场地中桩基设计的关键问题之一。如日本公路协会认为，惯性荷载与运动荷载可以单独进行分析，且在设计过程中可以忽略上部结构惯性影响。美国交通研究委员会建议当振动结束后土体位移达到最大时产生的侧向流动荷载最大，且与惯性荷载不同时作用。然而文献[95,158]认为惯性荷载与运动荷载间歇同相或反相作用。Brandenberg 等[93-94]认为，侧向流动力与结构惯性荷载同时作用的假定适用于刚性桩，但对柔性群桩过于保守。由上述总结可以看出，现有的液化侧扩流场地桩基设计方法存在较大的差异性，且上述设计方法都是针对倾斜场地提出，暂时没有专门考虑近岸液化侧扩流场地的桩基设计方法。

1.4　主要研究内容

　　本书以强震作用下近岸水平液化侧扩流场地桩基地震反应与设计问题为主要对象，首先，开展了液化侧扩流场地桩基振动台模型试验，得到了强震下液化侧扩流场地中桩基的典型动力响应，并据此提出了简化分析方法。其次，针对振动台试验建立了液化侧扩流场地桩基非线性动力有限元分析模型。再次，基于非线性动力有限元分析探讨了液化侧扩流场地中荷载传递模式。第四，开展了一系列参数分析，详细分析了液化侧扩流场地中桩-土-结构惯性荷载与运动荷载的相位关系与荷载组合。最后，基于文克尔地基梁模型，提出了液化侧扩流场地中桩基抗震设计方法，验证了方法的可靠性，并给出了使用实例。其具体内容如下：

　　(1) 液化侧扩流场地桩-土相互作用振动台试验。采用振动台试验手段，对液化侧扩流场地单桩与群桩基动力反应进行研究，基于试验结果建立简化分析模型，提出作用在桩上的土压力形式及大小，并与现有规范推荐的侧向土压力建议值进行对比。基于简化分析模型，对影响桩基响应的因素进行了分析。

　　(2) 场地液化侧扩流桩-土相互作用振动台试验数值模拟。基于 OpenSees 有限元计算平台，针对已完成的近岸液化侧扩流场地桩基振动台试验开展数值模拟，重点介绍建模过程中的具体技术细节，并通过对比有限元计算值与试验值验证模型的准确性。其主要包括：①针对数值模型建立过程中所涉及的计算平台、本构模型、自由水体的模拟、桩-土相互作用的模拟及挡墙的模拟；②通过绘制初始应力场云图（孔压、位移和应力），验证模型初始应力分析的正确性；③通过对比振动作用下振动台试验结果与数值计算结果，验证有限元模型的正确性与可靠性。

（3）液化侧扩流场地中桩-土-结构体系动力反应与荷载传递规律。对实际工程场地进行理想化，建立典型液化侧扩流场地桩基地震反应有限元分析模型，通过动力计算，分析自由场土体和桩基的动力响应规律，获取液化侧扩流场地中桩土荷载传递规律，初步探讨液化侧扩流场地桩-土-上部结构惯性荷载与运动荷载的相位关系。

（4）液化侧扩流场地中桩-土-结构惯性荷载与运动荷载的相位关系。基于典型的液化侧扩流场地桩基地震响应模型，针对液化侧扩流场地桩-土-上部结构体系进行参数分析，系统研究桩的抗弯刚度、上部结构质量、黏土层强度、桩的长度以及场地液化对惯性荷载与运动荷载相位关系的影响。

（5）液化侧扩流场地桩基抗震设计方法建议。总结现有液化侧扩流场地桩基抗震设计方法存在的问题，提出基于位移的文克尔地基梁等效静力设计方法，并依据非线性动力有限元分析对该设计方法进行验证，给出该方法进行液化侧扩流场地中桩基抗震设计的实例。

第2章 液化侧扩流场地单桩-土地震相互作用振动台试验

2.1 引言

振动台试验是研究液化侧扩流场地桩-土动力相互作用最有效的方法之一。目前，液化侧扩流场地桩基振动台试验主要针对微倾斜场地和水平场地进行，其中，微倾斜场地侧扩流通过地表或土箱倾斜实现，水平场地通过岸壁发生侧向位移实现。对小尺寸土箱而言，后者更易实现液化侧扩。本章首先基于同类振动台试验设计经验，完成液化侧扩流场地桩基振动台试验设计，以期完成液化侧扩流场地桩-土动力相互作用振动台试验研究，旨在深入了解液化侧扩流场地砂层和桩基结构动力响应特性。由于振动台试验周期长、难度大和试验过程不易控制，因此产生了大量简化分析方法，如解析分析法、弹性理论分析法、波动法和文克尔地基梁法[141]。鉴于此，本章在已完成的单桩振动台试验基础上，进一步对试验得到的侧扩展位移、弯矩和桩头位移进行处理，即将试验值分解为平均部分和循环部分。基于非线性文克尔地基梁模型，将振动台试验得到的侧扩流位移的平均部分作为激励，采用考虑液化效应的 $p-y$ 弹簧单元模拟土体，建立液化侧扩流场地单桩简化分析模型。利用振动台试验获得桩头位移和弯矩的平均部分对简化分析模型的可靠性进行验证并进行参数分析。

2.2 振动台试验

2.2.1 试验设计

2.2.1.1 桩-柱墩设计

1. 桩-柱墩相似设计

试验中，取典型实际场地圆形截面 C25 混凝土单桩，弹性模量为 $2.8 \times 10^{10} \mathrm{Pa}$，桩径为 1.2m，桩长约为 35m，入土深度为 30m。计算得到桩的惯性矩和抗弯刚度分别如下：

$$I_y = I_z = \frac{\pi D^4}{64} = \frac{\pi \times 1.2^4}{64} = 0.102(\mathrm{m}^4)$$

$$EI = 2.8 \times 10^{10} \times 0.102 = 2.85 \times 10^9 (\mathrm{N \cdot m^2})$$

根据振动台试验设计中相似法则，要求：

$$(EI)_{\mathrm{p}}/(EI)_{\mathrm{m}} = n^{3.5}$$

式中　　　n——原型与模型几何相似比；

　　p 和 m——原型和模型。

单桩设计相似比取 1/30。计算得到桩长为 1.2m，入土深度为 1.0m。按相似比可得模型桩 EI 约为 $1.93 \times 10^4 \mathrm{N} \cdot \mathrm{m}^2$。

2. 桩-柱墩材性试验

试验中模型桩选用合金管桩，考虑试验土箱尺寸（长 3.5m×宽 2.2m×高 1.6m），管桩尺寸为 88mm（外径）×0.6mm（壁厚），桩长为 1.95m（图 2-1），桩入土深度为 1.5m。

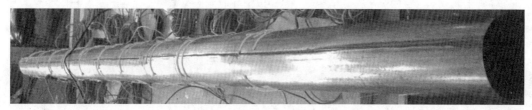

图 2-1　试验中采用的合金管桩

对合金管桩材料标准试件进行抗拉试验，得到其应力-应变关系见图 2-2。取其直线段平均值得到其弹性模量 $E = 188\mathrm{GPa}$。其惯性矩和抗弯刚度分别为：

$$I_x = I_y = \frac{\pi D^4}{64}(1 - \alpha^4) = \frac{\pi \times 0.088^4}{64}\left[1 - \left(\frac{0.0868}{0.088}\right)^4\right] = 1.57 \times 10^{-7} \mathrm{m}^4$$

$$EI = 1.57 \times 10^{-7} \times 188 \times 10^9 = 29.4\mathrm{kN} \cdot \mathrm{m}^2$$

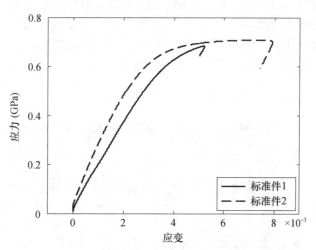

图 2-2　合金管桩材料标准试件应力-应变关系

可见，选用的合金管桩其抗弯刚度近似满足相似比。同时，根据土箱和实际管桩尺寸对桩长进行适当调整。

2.2.1.2　岸壁设计

岸壁设计是整个试验中最重要的设计之一，其设计合理与否直接关系试验的成败。

参考日本类似试验设计经验，仅考虑单层砂，取地基高差 0.5m，海侧水深 0.5m，砂层厚度 1.5m，岸壁高 1.6m、宽 2.05m（土箱四周均布置防水橡胶层导致岸壁宽度略小于土箱内侧宽度），砂层水位线位于地表处，试验体设计尺寸见图 2-3。

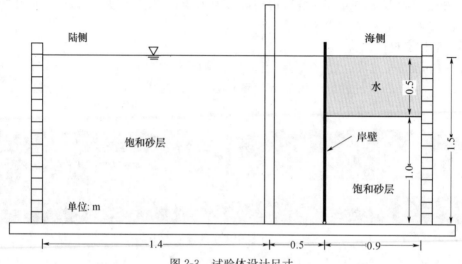

图 2-3 试验体设计尺寸

1. 岸壁制作方法

为了使在振动过程中土体液化后触发岸壁绕箱底发生自由转动，岸壁与土箱底部采用铰接连接方式。同时，为了尽可能减小岸壁两侧与土箱内防水垫层的摩擦作用，岸壁采用一吋和六分镀锌铁管作为骨架，两侧采用一吋管，其他位置采用六分管，见图 2-4，其骨架一侧用镀锌铁皮包裹。整个试验中，岸壁设计主要是确定其在静力和白噪声情况下稳定及在动力激励下由于岸壁发生侧向移动，导致液化砂层发生侧扩流。下面对静力、白噪声和正弦波三种情况下岸壁稳定性进行验证。

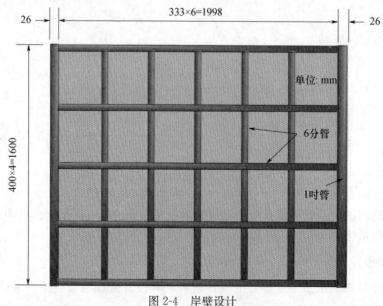

图 2-4 岸壁设计

2. 静力作用验证

试验砂选用哈尔滨砂，其内摩擦角 $\varphi = 28°$，重度 $\gamma = 1.9 \times 10^4 \text{N/m}^3$（中砂），饱和重度 $\gamma_{sat} = 2.0 \times 10^4 \text{N/m}^3$，浮重度 $\gamma' = \gamma_{sat} - \gamma_w = 1.0 \times 10^4 \text{N/m}^3$。应用朗肯土压力理论，其被动土压力系数 K_p 和主动土压力系数 K_a 分别按式（2-1）和式（2-2）计算，可得 $K_p = 2.77$ 和 $K_a = 0.36$。

$$K_p = \tan^2\left(45° + \frac{\varphi}{2}\right) \tag{2-1}$$

$$K_a = \tan^2\left(45° - \frac{\varphi}{2}\right) \tag{2-2}$$

如图 2-3 所示，岸壁入土深度为 $t = 1.0\text{m}$，未入土深度为 $H = 0.5\text{m}$，水深为 $H_w = 0.5\text{m}$。取单位宽度，按式（2-3）和式（2-4）分别计算岸壁底部倾覆力矩和抗倾覆力矩。

$$M_{倾} = \frac{1}{6}K_a\gamma(H+t)^3 \tag{2-3}$$

$$M_{抗} = \frac{1}{6}\gamma' t^3 K_p + \frac{1}{6}\gamma_w(t+H_w)^3 \tag{2-4}$$

由式（2-3）和式（2-4）可得 $M_{倾} = 3.85\text{kN·m}$，而 $M_{抗} = 10.24\text{kN·m}$，$M_{抗}/M_{倾} \approx 2.66$，安全系数大于 1.0，即静力作用下抗倾覆力矩大于倾覆力矩，岸壁满足稳定性要求，不会发生倾覆。

3. 白噪声激励验证

为了得到体系基本频率和阻尼比，试验前对试验体输入较小幅值（通常为 $0.02g$）的白噪声激励，以得到体系模态参数。试验中，在输入白噪声时，需保证岸壁不发生倾覆。下面进行白噪声输入下岸壁稳定性验算。

由于岸壁竖直，墙背倾角 $\varepsilon = 0$，假定岸壁与砂层外摩擦角 $\delta = 8°$。设水平地震系数 $k_h = 0.02$，竖直地震系数 $k_v = 0$，由式（2-5）可得地震角 $\eta = 1.2°$。

$$\tan\eta = \frac{k_h}{1-k_v} \tag{2-5}$$

由于输入白噪声幅值较小，则认为砂层未发生液化。基于 Mononobe-Okabe 侧向动土压力计算方法[3]，主动土压力系数 K_a 按式（2-6）计算。

$$K_a = \frac{(1-k_v)\cos^2(\varepsilon + \eta - \varphi)}{\cos^2\varepsilon\cos\eta\cos(\varepsilon+\delta+\eta)\left[1+\sqrt{\dfrac{\sin(\varphi+\delta)\sin(\varphi-\eta)}{\cos(\varepsilon+\delta+\eta)\cos\varepsilon}}\right]} \tag{2-6}$$

由式（2-6）可得主动土压力系数 $K_a = 0.533$，由式（2-3）得单位宽度的倾覆力矩 $M_{倾} = 5.7\text{kN·m}$，假定不考虑地震动作用，则抗倾覆力矩仍为 $M_{抗} = 10.24\text{kN·m}$。$M_{抗}/M_{倾} \approx 1.79$，安全系数仍大于 1.0，不会发生倾覆，即在白噪声激励下，岸壁仍保持稳定。

4. 正弦波激励验证

借鉴课题组已完成的类似试验设计经验[164]，本试验设计输入基底激励为幅值 $0.18g$、频率 2Hz 的正弦波，此时水平地震系数为 0.18。由于输入基底激励幅值较大，砂层会发生液化，假定液化后砂层重度为 $\gamma_L = 18\text{kN/m}^3$。液化后砂土视为流体，砂层摩擦角为 0，此时流体压力近似为静水压力，可得 $E_a = 20.1\text{kN/m}$。由于地震动会引起流体动压力，Westergaard[165]给出计算流体动压力式（2-7）如下：

$$P_{fd} = \frac{7}{12}k_h\gamma_L H_f^2 \qquad (2\text{-}7)$$

式中，H_f 为流体深度。液化后，左侧流体动压力 $P_{fd,L} = 3.54\text{kN/m}$，右侧水压力 $E_w = 1.25\text{kN/m}$，动水压力 $P_{wd} = 0.22\text{kN/m}$。液化后假定砂层内摩擦角为 0，根据式（2-1）可知被动土压力系数 $K_p = 1$，则海侧下部砂层被动土压力为 $E_p = 14\text{kN/m}$，动水压力为 $P_{fd,R} = 3.15\text{kN/m}$。岸壁所受各部分压力和方向显示如图 2-5 所示。

若地震动方向指向海侧，岸壁所受各部分压力方向如图 2-5 实线箭头所示，倾覆力矩 $M_{倾} = 12.2\text{kN·m}$，抗倾覆力矩 $M_{抗} = 3.54\text{kN·m}$，则 $M_{抗}/M_{倾} \approx 0.29$，岸壁发生失稳，产生侧向移动。

若地震动方向指向陆侧，岸壁所受各部分压力方向如图 2-5 虚线箭头所示，倾覆力矩 $M_{倾} = 7.93\text{kN·m}$，抗倾覆力矩 $M_{抗} = 7.38\text{kN·m}$，则 $M_{抗}/M_{倾} \approx 0.93$，安全系数小于 1，即在基底正弦波激励下岸壁向陆侧发生一定侧向移动。

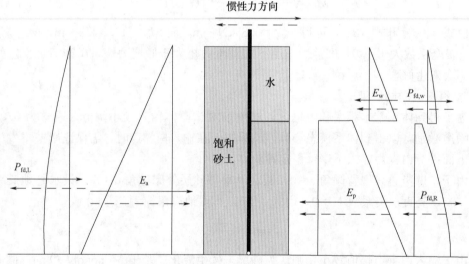

图 2-5　动力作用下岸壁承受的土压力及方向

由上述分析可知，在静力和白噪声激励下岸壁均满足稳定性要求，但在幅值为 $0.18g$ 的正弦波激励下，岸壁会发生失稳，即上述设计满足试验要求。需要特别说明的是，图 2-5 所示的岸壁两侧土压力分布是假定岸壁完全刚性及整个饱和砂层完成液化情况下所得。在实际中，岸壁两侧所受土压力与岸壁的变形及饱和砂层的液化程度有关。

2.2.1.3　基底支架设计

试验中需将钢管桩、混凝土桩和岸壁固定到土箱底部，但土箱内设防水橡胶层，因此需要在土箱底部布置基底支架。综合考虑土箱尺寸和桩与岸壁的位置，设计基底支架见图 2-6，其主要采用长 63mm×高 40mm×壁厚 4.8mm 的槽钢焊接而成。

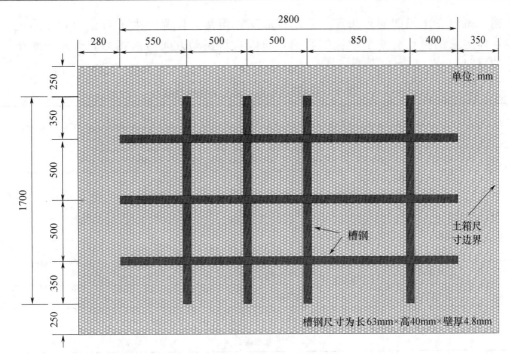

图 2-6 基底支架设计

2.2.2 试验体制备与传感器布置

2013 年 11 月—2014 年 1 月在中国地震局工程力学研究所地震工程与工程振动开放实验室进行振动台试验，完成 2 个单桩和 2 个群桩共 4 个液化侧扩流场地桩-土动力相互作用振动台试验。本章基于单管桩振动台试验进行分析，其输入为正弦波。由图 2-3 可知，试验体陆侧为厚 1.5m 砂层，水位线位于地表，海侧砂层厚 1.0m，上覆 0.5m 的水，用刚性岸壁将两侧分隔模拟近岸场地。刚性岸壁与箱底采用铰接，试验中土体液化后，岸壁可绕箱底自由转动，实现土体液化侧扩流现象发生。桩顶端自由，底端插入铁管，其外径略大于桩径，并用环氧树脂连接，达到防水和固结的效果。同时，为达到防水的目的，试验中在土箱内壁四周均布置 5mm 厚的橡胶层。砂层制备前，通过 Push-over 试验得到桩底旋转刚度 K_s 为 120kN·m/rad。砂层液化后，砂层朝海侧发生了明显侧扩流，同时监测土层加速度、位移和孔压、桩顶加速度和位移、桩应变等成套试验数据。

2.2.2.1 振动台与土箱

试验采用电液伺服驱动式三向地震模拟振动台装置，主要性能参数见表 2-1，试验设计中必须首先考虑振动台台面尺寸及最大承载能力。试验土箱采用由景立平研究员等[166]设计的土箱（图 2-7），模型箱主体尺寸为长 3.7m×宽 2.4m×高 1.7m，内侧尺寸为长 3.5m×宽 2.2m×高 1.6m。土箱由 15 层方形钢管框架叠合而成，每层钢框架由 4 根方形钢管焊接而成，方形钢管截面尺寸为 100mm×100mm，壁厚 3mm。通过扫频法得空箱长、宽方向基频分别为 7.5Hz 和 9.0Hz。根据自由振动衰减法得到剪切箱长、宽方向阻尼比分别为 5.15% 和 2.19%。由于试验采用的是层状剪切土箱，所以在土箱四周只布置了防水橡胶层。但是，试验中为了防止动力作用过程中水体过大的振动对整个响应的影响，所以在沿振动方向与水接触的土箱一侧布置消波材料。

表 2-1　地震模拟振动台主要性能参数

特性	参数
振动方向	三向：x、y 与 z 向
台面尺寸	5m×5m
最大试件质量	30t
台面质量	20t
最大位移	水平向：±80mm，竖向：±50mm
最大速度	水平向：±600mm/s，竖向：±300mm/s
最大加速度	x 和 y 向 1.0g，z 向 0.7g
工作频率范围	0.5～40Hz
最大倾覆力矩	75t·m
振动波形	正弦、随机与地震波

图 2-7　试验层状土箱

2.2.2.2　地基制备

试验地基由饱和砂层组成，相对密度为 $D_r = 45\% \sim 55\%$，饱和密度为 $\rho_{sat} = 1900\text{kg/m}^3$。试验用砂颗粒级配曲线见图 2-8，从该曲线可知，$d_{10} = 0.21$、$d_{30} = 0.345$、$d_{50} = 0.508$、$d_{60} = 0.625$。砂土材料特性见表 2-2，从该表可知砂土级配不良。按粒径级配定名规则可知，当粒径 $d > 0.25\text{mm}$ 颗粒超过总质量的 50% 时，可认为该砂为中砂，砂层采用改进水沉法制备。

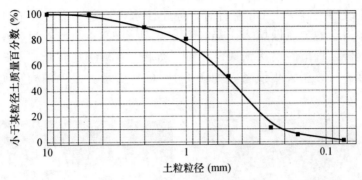

图 2-8　试验用砂颗粒级配曲线

表 2-2　哈尔滨砂材料特性

密度 （g/cm³）	最大孔隙比 e_{max}	最小孔隙比 e_{min}	曲率系数 C_c	不均匀系数 C_u	平均粒径 D_{50}（mm）	细粒含量 F_c（%）
2.5	0.89	0.37	0.91	2.98	0.51	2

2.2.2.3　监测项目与传感器布置

试验布置和传感器分布如图 2-9 所示，其中包括加速度计、孔压计、拉线位移计、光栅位移计和 20 对应变片用于量测土体加速度、孔压、位移及桩的位移、加速度和应变，试验采样频率为 250Hz。

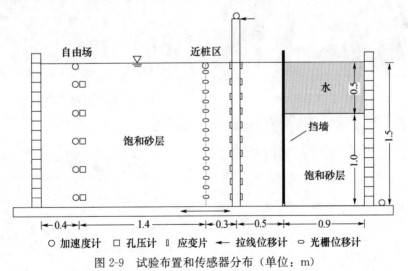

○ 加速度计　□ 孔压计　▯ 应变片　← 拉线位移计　· 光栅位移计

图 2-9　试验布置和传感器分布（单位：m）

2.2.2.4　模型制备

模型按如下步骤进行制备：①固定土箱内 5mm 厚防水橡胶层，在土箱底部铺设大约 10cm 厚砂层，如图 2-10（a）所示；②将基底支架吊入箱内，固定桩和岸壁，根据支架高度，在防水橡胶层内侧标出相应标高，用于传感器埋设，同时，在土箱四周埋置注水管（四周开设小孔），如图 2-10（b）所示；③将粘好应变片的管桩和岸壁与基底支架连接，将岸壁临时竖直固定，如图 2-10（c）所示；④用注水管向土箱注水，当水位线高于砂层15cm左右时，停止注水，通过布置在土箱上的筛子向箱内填砂，确保砂层均匀缓慢填入土箱，每次填砂约15cm，填砂过程中在相应设计位置埋设传感器，直至砂层达到预定高度，如图2-10（d）所示；⑤砂层制备完成后，连接传感器与数据采集设备，如图2-10（e）所示。振动前模型见图2-10（f）所示。

(a) 布置防水橡胶层

(b) 铺设基底支架和注水管

(c) 桩和岸壁的固定

(d) 砂层填注与传感器埋设

(e) 传感器连接

(f) 振动前模型

图 2-10　模型制备步骤

2.2.3　基底激励

基于课题组以往类似振动台的经验[74,164]，为更好地获得孔压累积过程中桩-土体系动力响应，基底输入幅值 0.18g、频率 2Hz 的正弦波，持时 10s，前 2s 内幅值逐渐增加，后 8s 内幅值恒定，见图 2-11。

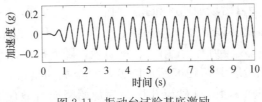

图 2-11　振动台试验基底激励

2.2.4　试验结果与分析

对采集到的试验数据进行整理，分析液化侧扩流条件下桩-土动力特性。这里将试验结果分 3 个阶段：第一阶段，土层液化前，持时从 0～2.3s；第二阶段，液化侧扩流阶段，持时从 2.3～6.8s；第三阶段，土体液化但没有附加侧扩流，持时从 6.8～10s。规定土体侧向位移和桩头位移向着海侧为正值。

2.2.4.1　宏观反应现象

图 2-12 为振动结束后土体液化宏观现象。由图 2-12（a）可见，振动结束后砂层发生明显喷砂冒水现象；由于砂层液化导致土体发生一定侧向位移，见图 2-12（b）光栅位移传感器所示；振动结束后，岸壁发生明显的侧向位移，见图 2-12（c）；受侧向土体位移的影响，桩基也发生一定的侧向位移，见图 2-12（d）；而地面发生约 12cm 沉降，见图 2-12（e）。

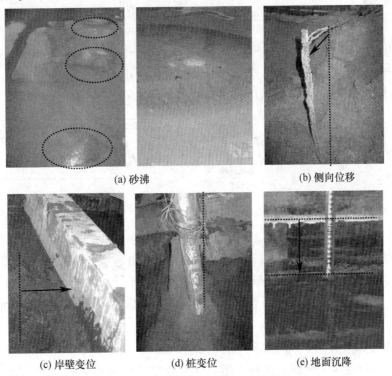

图 2-12　振动结束后试验的宏观现象

2.2.4.2　土层孔压与加速度

图 2-13 和图 2-14 为自由场加速度和孔压时程。由图可知，在第一阶段，随着基底输入幅值增加，土体加速度幅值逐渐增大，且砂层孔压迅速上升，达到初始液化状态（即孔压达到初始竖向有效应力）。在第二、三阶段，随着砂层液化，加速度明显衰减，幅值较小，这表明液化砂层剪切强度明显降低，直至振动结束，砂层一直处于液化状态。需要说明的是，埋深 1.4m 处砂层孔压约为初始竖向有效应力的 90%（图 2-14）。因此，此处加速度未出现明显衰减。此外，加速度和孔压时程没有明显"毛刺"现象，表明砂层仅发生轻微循环流动剪胀特性。在埋深 0.8m 和 1.1m 处，虽然孔压在几个振动循环后达到初始液化状态，但是砂层加速度并没有立即衰减，推测可能与初始竖向有效应力有关。

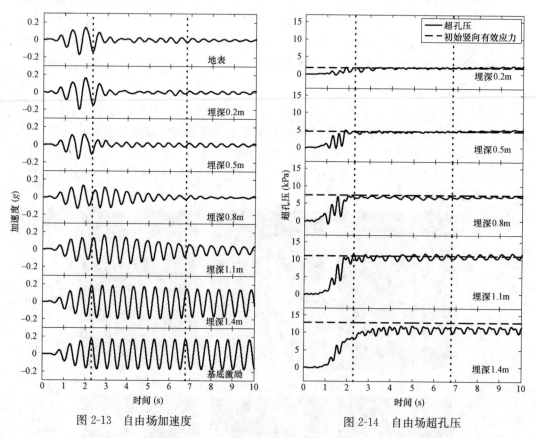

图 2-13　自由场加速度　　　　　图 2-14　自由场超孔压

对比基底激励可以发现，由于砂层液化，地表加速度周期被拉长，类似现象在Lombardi 和 Bhattacharya[167] 的振动台试验中也观察到。此外，振动结束后，埋深0.2m 和 0.5m 处，孔压值大于初始竖向有效应力，这是振动过程中，砂层液化引起加速度传感器发生下沉所致[64]。

2.2.4.3　土体侧向位移和桩头位移

图 2-15 为近桩区土体侧向位移。第一阶段砂层发生很小侧向位移。第二阶段随着土体液化，侧向位移逐渐增加。第三阶段土体侧向位移维持稳定，直至振动结束，这是

因为在大约 7s 时岸壁位移达到最大，不再发生进一步转动造成的。最终，土体最大侧向位移为 0.08m（约为桩径的 1 倍）。图 2-16 为地表土体侧向位移和桩头侧向位移对比图，从图中可以看到第一阶段地表土体和桩头侧向位移类似，桩头位移达到其峰值且略大于地表土体侧向位移。第二阶段随着地表侧向位移增加，桩头侧向位移轻微下降，即砂层绕过桩进一步流动，且液化后桩发生部分反弹。第三阶段随着基底振动，地表土体和桩头侧向位移均维持恒定。

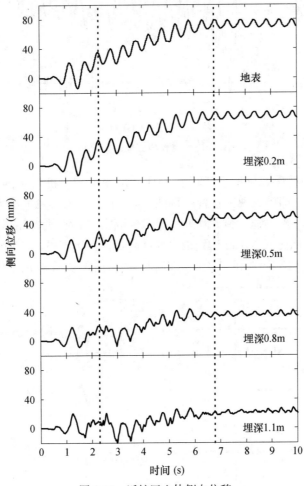

图 2-15　近桩区土体侧向位移

2.2.4.4　桩的弯矩

为得到桩的弯矩时程，试验中将应变片沿土体侧扩流方向，对称地贴在桩两侧。根据传统 Euler-Bernoulli 梁理论[168]，对采集的试验数据按照式（2-8）进行整理得到桩的弯矩。

$$M = \frac{EI(\varepsilon_t - \varepsilon_c)}{2r} \tag{2-8}$$

式中　EI——桩抗弯刚度，假定振动过程中桩处于弹性状态，EI 为常数；

　　　ε_t、ε_c——桩两侧拉应变和压应变（符号相反）；

　　　r——桩的半径。

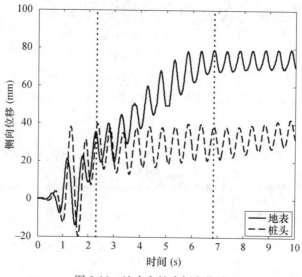

图 2-16 地表和桩头侧向位移

图 2-17 为不同埋深处桩的弯矩时程响应。由图可知，桩弯矩随埋深增加而增大，近基底处弯矩最大，即桩表现出悬臂梁特性。第一阶段当孔压接近最大值且土体侧向位移轻微增加时，桩弯矩迅速达到最大值。当 1.8s 时，在埋深 1.4m 处桩达到最大弯矩 1.45kN·m，即液化前桩弯矩已达到最大。同时，桩上出现最大弯矩时刻也可从孔压和桩头侧向位移近似（图 2-14 和图 2-16）得到。第二阶段随着液化土体向海侧流动，土

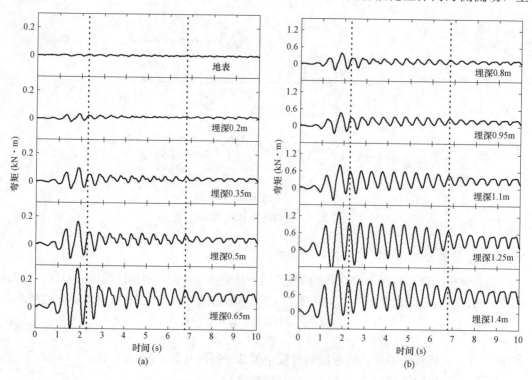

图 2-17 桩的弯矩时程

体剪切强度降低,桩上所受土压力较小。随着土体变形继续增加及桩回弹,桩弯矩略微减小。第三阶段土体侧向位移维持恒定,桩弯矩几乎不变。由以上分析可知,试验结果与强震桩基震害现象基本一致,即桩基破坏往往伴随较大的地表侧向变形。

2.3 液化侧扩流场地桩-土动力相互作用简化分析方法

众所周知,液化侧扩流场地桩-土动力相互作用振动台试验往往存在费用高、周期长、条件不易控制、结果离散性大等一系列问题。相比振动台试验,数值模拟可很好地解决上述问题,且作为振动台试验的必要补充,数值模拟可以对各种工况下试验体的动力响应进行研究。本节首先通过简化液化均匀和三角形土压力方法对桩基响应进行预测;然后提出非线性文克尔地基梁模型(Beam on Nonlinear Winkler Foundation model,BNWF 模型)对液化侧扩流场地桩基响应进行分析;接着根据已完成的振动台试验,采用非线性文克尔地基梁模型预测桩响应,再通过试验结果验证 BNWF 模型的有效性。需要说明的是,在本书中所涉及的数值模拟全部基于开放有限元数值模拟平台 OpenSees[169]完成。

试验位移和弯矩包括循环和平均两部分(图 2-15～图 2-17),且这两部分分别对应着惯性和运动的相互作用。最近研究结果表明,液化侧扩流发生在液化后,其响应由平均部分引起[44,170]。因此,在下述讨论中,仅关注液化响应的平均部分。将试验采集到的弯矩和位移采用移动平均法分解为循环部分和平均部分。图 2-18 为地表侧向位移分解样例。

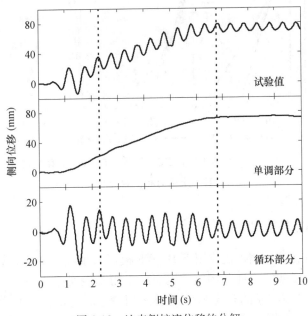

图 2-18　地表侧扩流位移的分解

2.3.1 液化流动土压力简化计算方法

目前用于分析液化侧扩流下桩基响应的简化侧向土压力(均匀和三角形)剖面有两

种。第一种方法由 Dobry 等[60]提出，采用均匀土压力模拟液化后桩基受力。第二种方法由日本道路协会（JRA）[90]提出，用三角形土压力剖面。此土压力剖面表达为 $p=K\gamma_t z$，p 为侧向土压力，γ_t 为上覆土体单位重度，系数 K 取 0.3。基于试验结果和上述简化方法，采用最小二乘法，通过匹配上述方法反算弯矩和试验记录弯矩，可得到均匀土压力值和三角形土压力系数。在此基础上沿埋深方向对土压力进行积分可得到桩弯矩和位移。

图 2-19 为土压力、桩弯矩和位移剖面试验结果对比图。通过标定可以发现，均匀土压力 $p_{uniform}=4.8$kPa 和三角形土压力系数 $K=0.7$ 虽能近似反映试验中桩弯矩变化趋势，但低估了桩头位移。也就是说，标定结果能近似匹配桩弯矩，但不能正确预估桩头位移。可见，简化液化侧向土压力分析方法中采用的严格直线土压力分布具有一定的局限性。

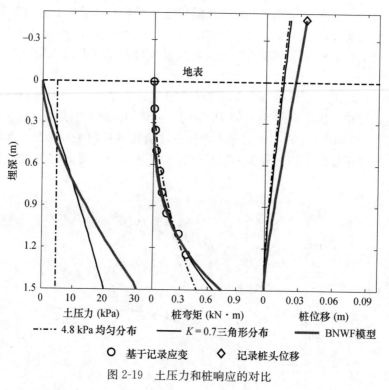

图 2-19　土压力和桩响应的对比

2.3.2　简化 BNWF 模型

图 2-20 为单桩在液化侧扩流作用下 BNWF 模型原理图及相应计算参数。试验中最大应变仍在应力-应变曲线弹性范围内，因而桩采用弹性梁单元模拟（需要时可以通过双线性或纤维截面考虑桩基的非线性），土体采用考虑液化效应的非线性 $p-y$ 弹簧单元模拟，桩底连接采用零长度单元模拟，通过旋转弹簧常数 K_s 定义（K_s 由试验前 Pushover 确定，见 2.2.2 节）桩底有限刚度。

2.3.2.1　土弹簧特性

在 BNWF 模型中，用 $p-y$ 曲线定义非线性 $p-y$ 弹簧单元特性，其中 $p-y$ 曲线用

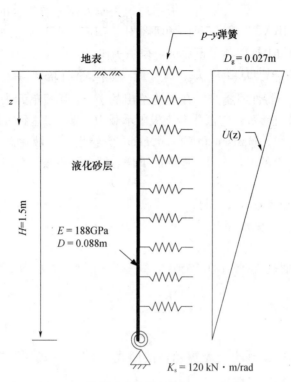

图 2-20　单桩受液化侧扩流的 BNWF 模型

Boulanger 等[171] 提出的方程，非线性 $p-y$ 曲线由弹性 $p-y^e$、塑性 $p-y^p$ 和裂缝 $p-y^g$ 三部分组成，辐射阻尼用弹性部分并联一个阻尼器模拟，裂缝部分用并联的非线性闭合弹簧（p^c-y^g）和非线性拖曳弹簧（p^d-y^g）模拟，其中 $y=y^e+y^p+y^g$，而 $p=p^c+p^d$。对塑性弹簧而言，其刚度特性初始范围为 $-C_r p_{ult}<p<C_r p_{ult}$。初始荷载下塑性发生屈服时 $C_r=p/p_{ult}$，对应刚度范围 p 为 $2C_r p_{ult}$，因此塑性屈服时 p 为常数，超过此刚度范围，塑性弹簧（$p-y^p$）加载时其刚度按公式（2-9）计算：

$$p=p_{ult}-(p_{ult}-p_0)\left[\frac{c y_{50}}{c y_{50}+|y^p-y_0^p|}\right]^n \tag{2-9}$$

式中　p_{ult}——当前加载方向 $p-y$ 单元极限土压力；塑性加载循环开始时，$p_0=p$，$y_0^p=y^p$；

　　　c——塑性屈服开始时控制切线模量的常数；

　　　n——控制 $p-y^p$ 曲线形状指数；

　　　y_{50}——在单调加载中极限土压力达 50% 时的位移值。

　　闭合弹簧（p^c-y^g）用公式（2-10）计算：

$$p^c=1.8 p_{ult}\left[\frac{y_{50}}{y_{50}+50(y_0^+-y^g)}-\frac{y_{50}}{y_{50}-50(y_0^--y^g)}\right]^n \tag{2-10}$$

式中　y_0^+——裂缝在正侧面记忆项；

　　　y_0^-——裂缝在负侧面记忆项，y_0^+ 和 y_0^- 初始值分别设为 $y_{50}/100$ 和 $-y_{50}/100$。

　　这种闭合弹簧允许当裂缝打开或闭合时荷载位移光滑转变。非线性拖曳弹簧（p^d-y^g）用公式（2-11）计算：

$$p^d = C_\mathrm{d} p_\mathrm{ult} - (C_\mathrm{d} p_\mathrm{ult} - p_0^d)\left[\frac{y_{50}}{y_{50} + 2\,|\,y^g - y_0^g\,|}\right] \tag{2-11}$$

式中　C_d——最大拖曳力与 $p-y$ 单元极限抗力之比。

塑性加载循环开始时，$p_0^d = p^d$，$y_0^g = y^g$。对于砂土，API 推荐 $c=0.5$，$m=2$，$C_\mathrm{r}=0.2$，其他参数在定义 $p-y$ 特性时指定。在上述给出的 $p-y$ 弹簧单元中，需根据土体和桩基特性，确定两个关键参数：①液化砂土极限承载力 $p_\mathrm{ult}^\mathrm{liq}$；②达到极限承载力 50% 所对应，$p-y$ 曲线位移 y_{50}^liq。Hansen 和 Christensen[172] 给出了非液化砂土（即 $c=0$）的极限承载力（单位桩长上的力，p_ult），地面以下任意埋深处极限承载力公式为式（2-12）：

$$p_\mathrm{ult} = \gamma z K_\mathrm{q}^z D \tag{2-12}$$

式中　γ——土体单位重量（N/m³）；

　　　z——地面以下土体埋深（m）；

　　　D——桩径（m）。

其中，K_q^z 项可通过式（2-13）得到：

$$K_\mathrm{q}^z = \frac{K_\mathrm{q}^0 + K_\mathrm{q}^\infty a_\mathrm{q} \dfrac{z}{D}}{1 + a_\mathrm{q} \dfrac{z}{D}} \tag{2-13}$$

式（2-13）中，根据砂土内摩擦角，按照式（2-14）～式（2-16），计算待定系数 K_q^0、K_q^∞、a_q：

$$K_\mathrm{q}^0 = e^{\left(\frac{1}{2}\pi + \varphi\right)\tan\varphi}\cos\varphi\tan\left(45° + \frac{1}{2}\varphi\right) - e^{-\left(\frac{1}{2}\pi - \varphi\right)\tan\varphi}\cos\varphi\tan\left(45° - \frac{1}{2}\varphi\right) \tag{2-14}$$

$$K_\mathrm{q}^\infty = N_\mathrm{c} d_\mathrm{c}^\infty K_0 \tan\varphi \tag{2-15}$$

$$a_\mathrm{q} = \frac{K_\mathrm{q}^0}{K_\mathrm{q}^\infty - K_\mathrm{q}^0 \sin}\frac{K_0 \sin\varphi}{\left(45° + \frac{1}{2}\varphi\right)} \tag{2-16}$$

式（2-15）中的 N_c、d_c^∞ 和 K_0 按式（2-17）～式（2-19）计算获得：

$$N_\mathrm{c} = \left[e^{\pi\tan\varphi}\tan^2\left(45° + \frac{1}{2}\varphi\right) - 1\right]\cot\varphi \tag{2-17}$$

$$d_\mathrm{c}^\infty = 1.58 + 4.09\tan^4\varphi \tag{2-18}$$

$$K_0 = 1 - \sin\varphi \tag{2-19}$$

上述表达式的详细信息参考 Hansen 和 Christensen 的文献 [173]。对于参数 y_{50}，美国石油协会（API）[174] 给出的表达式见式（2-20）：

$$y_{50} = \mathrm{arctanh}\,(0.5)\frac{p_\mathrm{ult}}{k} \tag{2-20}$$

这里 k 为初始地基反力模量（N/m³），p_ult 和 k 仅针对非液化砂土，考虑液化效应时需进行修正。鉴于此，李雨润和袁晓铭[175] 在中国地震局工程力学研究所完成了 8 个液化场地单桩振动台试验。试验中砂层相对密度变化范围从 20% 到 50%，基底激励包括不同幅值正弦波和 1940 年 Imperial Valley 地震中 El Centro 台站记录的地震动。其中，用 4 个正弦波激励振动台试验确定 p_ult 和 k 的修正因子，其余振动台试验对得到的修正因子进行进一步验证。采用推荐修正因子，修正后的 p_ult 和 k 表达式见式（2-21）和式（2-22）：

$$p_\mathrm{ult}^\mathrm{liq} = \alpha p_\mathrm{ult} \tag{2-21}$$

$$k_{liq} = \beta k \tag{2-22}$$

式（2-21）和式（2-22）中 α 和 β 称为液化效应修正因子，这两个修正因子与相对密度、桩长和地面下桩埋深有关，如式（2-23）和式（2-24）：

$$\alpha = (0.026z/l + 0.055)e^{0.016D_r} \tag{2-23}$$

$$\beta = (3.195z/l + 0.495)D_r^{-1.45} \tag{2-24}$$

这里 e 是自然对数的底。鉴于李雨润和袁晓铭[176]所完成的单桩振动台试验（没有侧扩流）非常类似我们所完成的单桩振动台试验，而且所提出的考虑液化效应的修正因子是砂层相对密度、桩长和埋深的函数，所以在简化分析中采用上述修正因子对非液化砂土 $p-y$ 曲线进行修正以考虑液化效应。同时简化分析方法中假定砂层沿整个埋深方向均发生液化。

考虑上述修正因子，达到 50% 极限承载力对应 $p-y$ 曲线位移 y_{50}^{liq} 进一步通过式（2-25）得到：

$$y_{50}^{liq} = arctanh(0.5)\frac{p_{ult}^{liq}}{k_{liq}} \tag{2-25}$$

基于已完成的试验和表达式（2-21）和式（2-25），在 BNWF 模型中，应用考虑液化的土弹簧参数 p_{ult}^{liq} 和 y_{50}^{liq}。

2.3.2.2　侧扩流模拟

类似于 McGann 和 Brandenberg 等[177]完成的非线性文克尔地基梁分析，通过在非线性 $p-y$ 弹簧单元外侧节点指定位移剖面实现侧扩流位移。通过光栅位移传感器得到（图 2-15）不同埋深处典型时刻位移，见图 2-21。需要注意的是，随着振动进行，任意深度处侧向土体位移不断增加，且位移随着埋深的增加而逐渐减小，基底处位移为 0，7s 后未出现进一步增加。桩弯矩达到最大值时（图 2-17），地表平均位移约为 0.027m。因此，侧扩流位移剖面 $U(z)$ 可通过连接地表位移和基底位移的直线近似表达。

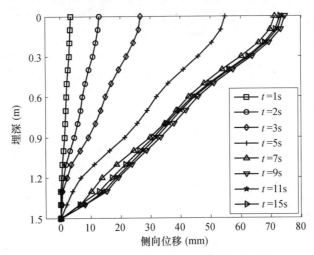

图 2-21　近桩区代表性时刻侧扩流位移剖面

2.3.3　简化分析方法验证

根据 BNWF 模型，为了与简化液化侧向土压力方法对比，最终计算得到的土压力和桩响应见图 2-19。从图中可以看出，桩弯矩计算值和试验值比较一致。与前面采用简化液化侧向土压力分析方法相比较，采用 BNWF 模型计算得到的桩头位移与试验值更接近。同时，采用 BNWF 模型计算的土压力与简化均匀土压力和三角形土压力分布不同，其计算得到的土压力沿埋深呈类似抛物线形式，也就是说严格线性土压力分布形式存在一定的不足。在近基底处，随着埋深的增加，BNWF 模型所计算的土压力大于三角形土压力分布。为了与后面的计算结果进行对比，将基于试验结果标定的 BNWF 模型作为参考工况（图 2-19）。

下面基于 He[62] 在 UCSD 完成的单桩振动台试验（记为 USCD 试验）对 BNWF 模型可靠性进行进一步验证，试验土层和桩特性见表 2-3。试验中桩基为单桩，与本书完成试验类似。桩基和土层详细特性参见 He 博士论文。按照上述计算框架，为了与试验结果进行对比，仍采用线性侧扩流位移剖面。在 UCSD 试验中，弯矩最大时刻地表侧扩流位移约为 0.085m（表 2-3）。按照上述提出的 BNWF 模型进行计算，得到的计算弯矩和位移与试验结果对比见图 2-22。其中，试验值虽略大于计算值，但两者相似性非常好。同时，试验桩头变位与计算值非常相近。可见，BNWF 模型能够定性地得到液化侧扩流下桩基的响应。

表 2-3　UCSD 试验 BNWF 模型计算参数

参数	数值
相对密度（%）	45
桩长（m）	2.05
桩入土深度（m）	1.7
水位线	地表
桩外径（m）	0.254
壁厚（m）	0.0064
抗弯刚度 $EI(\mathrm{kN \cdot m^2})$	120
基底旋转刚度 $K_s(\mathrm{kN \cdot m/rad})$	110
最大弯矩 M_{max} 时对应地表位移（m）	0.085

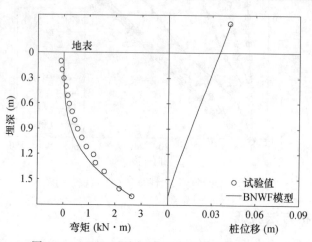

图 2-22　UCSD 试验与 BNWF 模型桩基响应对比

综上所述，成功地将所测的侧扩流位移和考虑液化效应的 $p-y$ 弹簧曲线应用于简化分析方法。同时，该方法所得桩后土压力呈抛物线形式，相比简化侧向土压力（均匀和三角形）形式，抛物线形式的土压力能更准确地预测桩的响应。进一步而言，该方法很容易考虑桩基的非线性、土体的不同相对密度和不同的侧扩流位移剖面。

2.3.4　参数分析

为考查影响桩基响应的重要参数，基于 BNWF 模型对相应参数进行分析，主要包括桩模量（E）、桩径（D）和桩底刚度（K_s）。

2.3.4.1　桩模量

图 2-23 为桩模量对桩基响应的效应。由图可知，随着桩模量从 47GPa 增加到 752GPa，桩弯矩几乎无任何变化。相反，随着桩模量增加，桩位移明显降低，这表明桩刚度增加会明显导致桩变位降低。

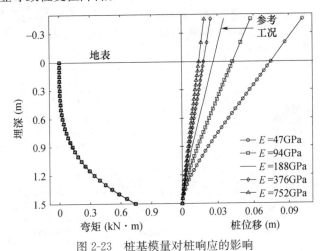

图 2-23　桩基模量对桩响应的影响

2.3.4.2　桩径

图 2-24 为相同桩基刚度（参考工况 $EI=29.4\text{kN}\cdot\text{m}$）下桩径对桩响应的效应。由图可知，桩径从 0.022m 增加至 0.352m，桩头位移相应地从 0.013m 增加至 0.093m，这是因为较大桩径引起桩后更大土楔体运动。同时，相同桩基刚度下，随桩径增加桩弯矩增大，即较大弯矩则会导致更大的桩变位。

2.3.4.3　桩底刚度

图 2-25 为桩底刚度对桩基响应的效应，保持桩径和桩基模量为定值，由图可知，桩底刚度从 6kN·m/rad 增加到 30kN·m/rad 时，桩弯矩逐渐增加。随着桩底刚度继续增加，桩弯矩几乎没有变化。但是，桩底刚度从 12kN·m/rad 增加到 120kN·m/rad，对应桩头位移从 0.097m 下降到 0.036m。随着桩底刚度从 6kN·m/rad 增加到 12kN·m/rad，桩头位移几乎没有发生变化。这表明随着桩底刚度增加其对桩弯矩的影响减弱，而随着桩底刚度的降低其对桩位移的影响减弱。也就是说，在桩底刚度较大时，桩基变形由桩自身变形引起。相反，桩底刚度较小时，桩变形主要由基底旋转弹簧

引起。此结果表明若桩尖位于坚硬土层上，液化侧扩流作用下桩基将发生较小侧向变形，反过来将会减轻上部结构整体位移。

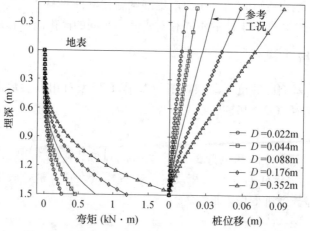

图 2-24　桩径对桩响应的影响（$EI=29.4\text{kN}\cdot\text{m}^2$）

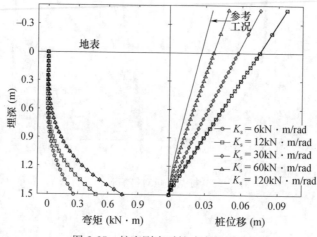

图 2-25　桩底刚度对桩响应的影响

2.4　本章小结

通过液化侧扩流场地桩-土动力相互作用振动台试验研究液化侧扩流场地桩基动力响应特性。首先，介绍了振动台试验设计方法，即桩基相似设计和岸壁设计。接着详细介绍了试验过程，其中包括试验土箱、试验地基、传感器布置、基底激励和模型制备。其次，基于振动台试验结果重点分析了液化侧扩流下桩-土动力相互作用特性，其中包括土层孔压和加速度、土体侧向位移和桩头位移及桩的弯矩。再次，基于文克尔地基梁模型，提出用于分析液化侧扩流场地单桩-土动力相互作用的 BNWF 模型，并对此模型进行验证。最后，利用 BNWF 模型进行参数分析。据此得到如下认识：

（1）当砂层液化和孔压达到最大值时，砂层加速度迅速下降；砂层液化后，加速度和孔压未出现明显"毛刺"现象，这说明砂层无明显循环流动剪胀特性。液化前桩头变位与地表位移非常接近；液化后桩头位移明显小于地表侧向位移。

（2）基于简化液化侧向土压力分析方法，当均匀土压力 $p_{uniform}=4.8\text{kPa}$ 和三角形土压力系数 $K=0.7$ 时能较好地预测试验中桩的弯矩，但估算得到的桩头位移较小，这表明严格线性土压力分布具有一定的局限性。

（3）参照试验结果对建立的液化侧扩流下桩基 BNWF 模型进行验证，通过 He 所完成的类似振动台试验，对上述模型的可靠性进行了进一步验证。其结果表明，与简化土压力分析方法相比，BNWF 模型能更好地预测桩弯矩和变位。

（4）对相应参数的研究表明，增加桩刚度或桩底刚度能降低桩位移，在弯曲刚度相同时，桩变位和弯矩随桩径增加而显著增大。

第3章 液化侧扩流场地群桩-土地震相互作用振动台试验

3.1 引言

　　振动台试验是研究桩土动力相互作用的重要手段。本章以 2×2 高承台群桩为研究对象，开展强震下近岸液化侧扩流场地群桩振动台模型试验。通过振动台试验，探究液化侧扩流场地桩土动力响应规律，据此研究作用在桩上液化侧向流动土压力的大小与分布形式，并为后续章节中数值模型的校核提供数据支持。试验模型采用单一可液化饱和砂土层作为地基土，并采用刚性挡墙作为触发近岸场地液化侧向流动的工具。基于试验结果，分析了强震作用下液化侧扩流场地桩-土体系动力反应，主要包括土体孔压反应、加速度反应、位移反应以及群桩的位移反应、加速度反应和弯矩反应。基于试验结果，建立了液化侧扩流场地 2×2 群桩简化分析模型，反算得到了作用于群桩上的侧向流动土压力，并与日本公路协会（JRA）规范和日本圬工协会（JSWA）规范进行对比。并对影响液化侧扩流场地群桩反应的主要参数（桩顶与承台连接刚度、桩底与基底连接刚度以及桩径）进行了分析。

3.2 试验概况

3.2.1 振动台与土箱

　　本试验在中国地震局工程力学研究所地震工程与工程振动开放实验室完成。试验采用电液伺服驱动式三向模拟地震振动台装置，该振动台主要性能参数如下：

　　台面尺寸：5m×5m；

　　最大承载量：30t；

　　工作频率：0.5～50Hz；

　　振动波形：循环、随机、地震；

　　控制自由度：x、y、z 三向六自由度；

　　最大加速度：50cm/s²；

　　最大加速度：x 向 1.0g、y 向 1.0g、z 向 0.7g；

　　最大位移：x 向 80mm、y 向 80mm、z 向 50mm。

　　试验模型设计阶段，需要考虑振动台台面尺寸与最大承载量，这两个参数是限制试验模型尺寸的最主要因素。试验采用孙海峰等[166]设计的层叠剪切箱，长、宽、高分别为 3.5m、2.2m、1.7m。该土箱刚度可调，边界对地震波的反射作用小。鉴于此，在与土箱四周边界距离 40cm 处近似忽略其边界效应，可以认为该土箱能够近似模拟实际场地。采用连续改变激振频率的测试方法（扫频法）测得模型土箱的自振频率为 1.438Hz，阻尼比为 4.09%，而振动台试验模型地基土基频均在 6.0Hz 以上，显然土箱自振频率远远小于模型地基基频，不会与土体发生共振，而地震作用下土的阻尼比一般在 5%～30% 之间，所以土箱阻尼也不会对模型地基动力反应产生不良影响。模型土体制备之前，在剪切箱中铺设厚度为 2mm 的橡胶垫，该橡胶垫具有防水作用，并且不影响土箱的工作性能。

3.2.2　试验体制备

试验中桩基为 2×2 高承台群桩，桩的材料为钢管，直径为 88mm，壁厚为 0.6mm，桩长 1.95m，埋入土层中桩基长度为 1.5m，桩间距为 $3D$（D 为桩径），经拉伸试验测得试验中钢管桩的弹性模量为 188GPa。桩顶与承台为固结，承台质量为 20kg，在制备模型地基之前，将桩底与模型箱底部固定，见图 3-1。

图 3-1　群桩示意图

模型地基为 1.5m 厚的饱和砂土，采用水沉法制备（即通过布设在箱底的带孔软管排水，并始终保持水位高于砂面 10cm 以上，直至模型地基制备完成），模型最终水位线与地面平齐。为了模拟天然地基的固结，并且确保土体尽可能地饱和，在模型地基制备完毕之后静置 24h。试验前，对模型地基现场取样，以获得其物理参数，详见表 3-1。试验中所采用的砂土为哈尔滨砂，其平均粒径 $D_{50} = 0.51$mm，曲率系数 $C_c = 0.91$，不均匀系数 $C_u = 2.98$，最大空隙比 $e_{max} = 0.89$，最小空隙比 $e_{min} = 0.37$。

表 3-1　哈尔滨砂的物理性质

密度 （g/cm³）	最大孔隙比 e_{max}	最小孔隙比 e_{min}	曲率系数 C_c	不均匀系数 C_u	平均粒径 D_{50}（mm）	细粒含量 F_c（%）
2.5	0.89	0.37	0.91	2.98	0.51	2

为了模拟地震中砂土液化后挡墙向水域一侧倾覆，进而触发饱和砂土发生侧向流动

现象，本试验中采用钢板模拟挡墙。模型中挡墙的高度为 1.6m，宽度为 2.19m，厚度为 0.02m，弹性模量为 160GPa。其刚度足够大，可以保证在砂土侧向流动过程中不发生变形，其底部与模型箱底部连接方式为铰接，震动过程中刚性挡墙能够绕底部自由转动。需要指出的是，为保证模型的稳定性，震动之前将挡墙顶部与土箱固定。制备好的试验模型如图 3-2 所示。

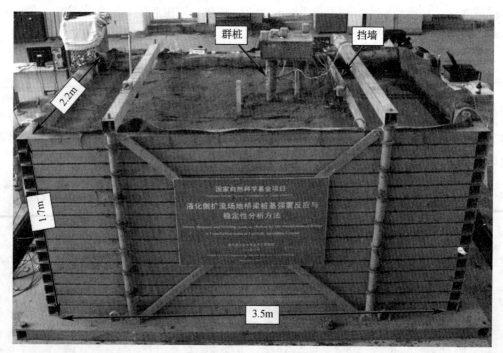

图 3-2　振动台试验

3.2.3　传感器布置

为监测试验过程中饱和砂土以及群桩的动力反应，模型地基中布置有加速度传感器、孔隙水压力传感器以及光栅位移计，记录试验过程中饱和砂土的加速度、超孔隙水压力以及侧向位移反应；在承台及桩上分别布置位移传感器、加速度传感器和应变传感器，记录试验过程中桩顶位移、加速度与桩的弯矩响应。试验中传感器布置见图 3-3。

3.2.4　试验加载方案

振动台试验加载方案的选择是该类试验的公认难题，也是决定试验成败的关键因素之一。对于近岸液化侧扩流场地振动台试验，需确保试验过程中土体的液化侧向流动。在试验设计过程中仅确保其在自重作用下的稳定性，并保证在动力作用下尽可能地发生土体液化侧向流动。因此，试验过程中较小幅值的基底输入即可触发刚性挡墙倾覆，造成土体的侧向流动，从而导致两个问题：第一，后续加载中土体侧向位移有限，液化引起的侧向流动现象不明显（由于试验所采用的层叠剪切箱尺寸有限，在试验中刚性挡墙只能发生有限倾覆，因此仅能产生有限的土体侧向流动）；第二，土体发生侧向流动后，致使桩基产生水平向永久变形，为后续加载过程中桩的位移及弯矩分析带来困难；第三，过多的加载工况导致模型饱和砂土不断密实，液化现象愈发不明显。此外，通过总结文献发现，过多的试验加载工况并不适合液化侧扩流场地桩基反应振动台试验。因此，在本次试验中仅进行一次加载。模型基底输入为正弦波形式的加速度记录，其频率为 2Hz，幅值为 0.18g（台面记录到的实际加速度幅值，目标输入 0.2g）。基底输入持续时间为 15s，其前 4 个循环幅值逐渐增大。沿模型的纵向输入，所输入的加速度记录如图 3-4 所示。

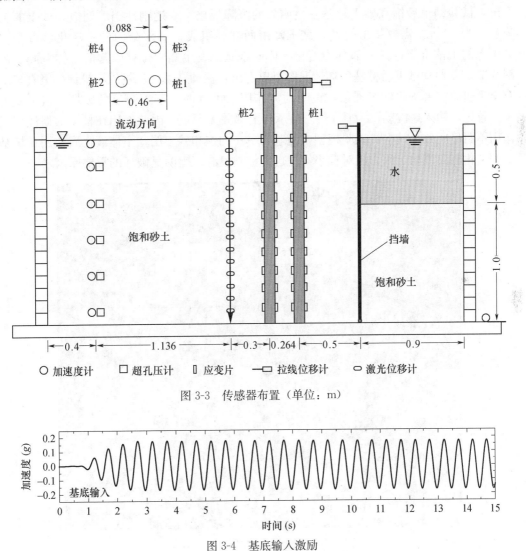

图 3-3 传感器布置（单位：m）

图 3-4 基底输入激励

3.3 振动台试验结果

由于饱和砂土液化前后性质差别很大，并且土体的侧向流动对桩的反应影响显著，因此将试验结果分三个阶段进行分析：阶段一：液化前阶段（0～2.5s）；阶段二：液化侧扩流阶段（2.5～5.6s）；阶段三：侧向流动停止阶段（5.6～15s）。

3.3.1 试验现象

图 3-5 为震后试验现象。图 3-5（a）为震后地表情况，由图可以看出，试验中出现明显的喷砂冒水现象，说明试验过程中饱和砂土场地发生了典型的液化现象。由图 3-5（b）震动结束后挡墙倾覆图可以看出，由于饱和砂土发生液化，土体丧失抗剪强度，土体在其自重作用下发生侧向流动，产生典型的液化侧向流动现象，导致刚性挡墙向水域一侧倾覆，最大水平位移约为 27cm。图 3-5（c）为试验结束后饱和砂土沉降图，由图可以看出，试验结束后饱和砂土地基发生明显的沉降现象，靠近刚性挡墙处饱和砂土的沉降量约为 10cm。需要指出的是，该沉降由两部分组成，一部分为砂土液化后重新固结引起的土体沉降；另一部分为液化土体向水域侧发生侧向位移引起的土体沉降。由图 3-5（d）振动结束后桩基破坏情况图可以看出，振动结束之后钢管群桩保持竖直，没有出现屈曲或者弯曲破坏现象，说明动力作用下桩基并无产生明显的破坏。这主要由于：首先，输入地震动仅为 0.18g，且承台上部并无配重，因此作用在桩上的惯性相互作用不明显所致；其次，试验模型中地基为单一的饱和砂土层，土体液化后作用在桩基上的液化侧向流动土压力相对较小，这也是桩基没有产生明显破坏的重要原因之一。

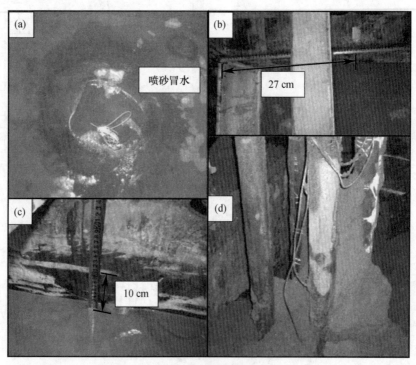

图 3-5　试验现象

3.3.2 超孔隙水压力

如图 3-6 所示，试验中记录了土体中不同深度处（图 3-3）超孔隙水压力反应时程。阶段一，饱和砂土中超孔隙水压力增长迅速，在 2.5s 时超孔隙水压力达到初始有效竖向应力，土体发生完全液化；在该阶段，埋深较深处自由场土体的超孔隙水压力波动明显，且出现负超孔隙水压力现象，说明土体出现剪胀现象。阶段二与阶段三饱和砂土的孔压反应基本一致，在这两个阶段饱和砂土超孔隙水压力时程不再增长，近似为常数，饱和砂土完全液化，抗剪强度几乎完全丧失。

在 1.4m 深度处，超孔隙水压力约为初始有效竖向应力的 0.9 倍，说明在土层底部，饱和砂土并未完全液化。在阶段三，0.2m、0.5m 及 0.8m 深度处饱和砂土超孔隙水压力大于初始有效竖向应力，并且出现轻微增长现象，这可能是由于砂土发生液化后丧失抗剪强度，导致孔压传感器在振动过程中逐渐下沉。在 0~1.1m 深度处超孔隙水压力幅值与上覆有效土压力基本相等，而 1.4m 深度处超孔压幅值小于上覆有效土压力，说明在 0~1.1m 深度处饱和砂土完全液化，而在 1.4m 深度处土体并未完全液化。

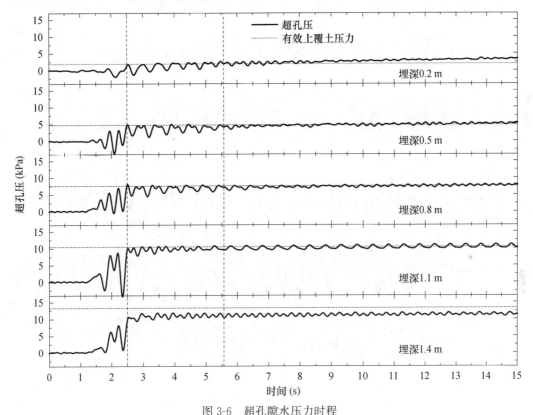

图 3-6　超孔隙水压力时程

3.3.3　土体加速度

图 3-7 为不同深度处土体加速度时程曲线，试验模型中土体加速度传感器布置位移见图 3-3。由图 3-7 可以看出，阶段一不同深度处加速度幅值逐渐增大，其主要原因是该阶段基底输入加速度正处于增长阶段，并且饱和砂土并未完全液化，此时土体对加速度具有一定的放大作用。特别指出的是，土体发生完全液化时输入加速度仍未达到峰值。阶段二，0~1.1m 深度处土体加速度幅值衰减明显，而 1.4m 深度处土体加速度幅值虽然也在减小，但衰减幅值远小于其他深度处的衰减值。阶段三，不同深度处土体加速度基本不变，而在 0~1.1m 深度处土体加速度幅值很小，基本可以忽略不计，而在 1.4m 处加速度幅值仍然较大。这也说明，在 1.1m 深度以上土体发生完全液化，而在 1.4m 深度处，由于靠近模型基底，饱和砂土并未完全液化，这与自由场孔压反应得到

的结论一致。

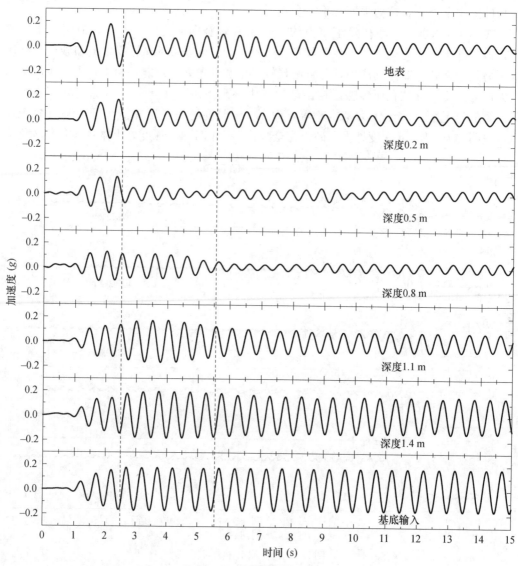

图 3-7 土体加速度时程

3.3.4 土体侧向位移

采用布设在试验模型中的光栅位移计（图 3-3）记录震动过程中土体的侧向位移反应，不同深度处土体侧向位移时程曲线见图 3-8。由图可以看出，在阶段一，土体侧向位移呈现周期性振荡，侧向流动变形并不明显。阶段二，饱和砂土完全液化，刚性挡墙向水域一侧发生倾覆，造成土体发生显著的侧向位移，并且侧向位移呈现周期性增加现象。阶段三，由于挡墙不再继续倾覆，土体侧向位移在该阶段不再增加，基本保持不变。对比不同深度处土体侧向位移可以发现，土体侧向位移的趋势基本一致，但侧向位移幅值随深度增加而逐渐减小，即在地表处土体侧向位移最大，基底处土体侧向位移最小。其原因有二：第一，挡墙与基底铰接，因此挡墙发生倾覆时顶部位移远大于底部位移；第二，土体顶部完全液化而底部仅发生部分液化，造成顶部土体强度小，侧向流动能力强；底部土体强度大，侧向流动能力弱。

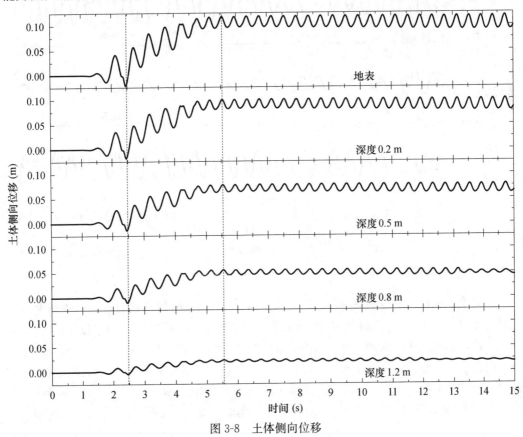

图 3-8　土体侧向位移

3.3.5　桩体加速度

采用固定在承台顶面的加速度传感器（图 3-3）记录试验过程中桩顶加速度反应，试验中输入加速度、地表加速度及承台上加速度时程见图 3-9。第一阶段，桩的加速度逐渐增大，在 2.5 s 时桩的加速度达到最大值，为 0.292g，远大于基底输入的加速度峰值（0.17g）与地表处加速度峰值（0.18g）。第二阶段，桩的加速度逐渐减小而基底输入与地表加速度基本保持不变。第三阶段，桩的加速度逐渐增大后逐渐稳定，而输入加速度与地表加速度仍保持不变。该现象说明在第一阶段，土体未完全液化，砂土对桩的约束作用较强，桩-土体系对加速度具有强烈的放大作用；而第二阶段饱和砂土完全液化对桩的约束作用减弱，此时液化砂土起减震作用；第三阶段，随着震动的继续，饱和砂土几乎完全丧失抗剪能力，由于桩基与模型底部固定，使得输入加速度直接通过桩传至承台，桩对地震波的放大作用使得承台上的加速度反应逐渐增大。

比较桩与地表的加速度时程，可以发现，桩的加速度响应要大于砂土的加速度响应，这主要是由于桩的刚度远大于土体，并且在震动过程中没有发生相变。

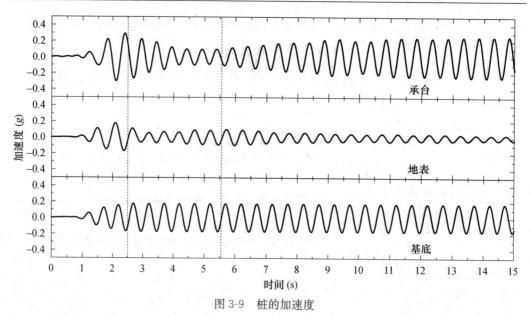

图 3-9 桩的加速度

3.3.6 桩顶位移

试验中，采用固定在桩顶的拉线位移计（图 3-3）记录桩顶位移时程，桩顶与地表位移时程曲线见图 3-10。可以看出，第一阶段 2×2 群桩桩顶位移反应与地表侧向位移反应基本一致，呈现周期性振荡。第二阶段，桩顶位移达到最大（约为 60mm），并开始逐渐减小，而在该阶段地表位移迅速增加，表明由于饱和砂土发生液化，土体开始绕桩流动，并且允许群桩发生部分回弹。阶段三，由于土体不再发生侧向流动，桩顶位移继续减小，并在 9.3s 开始保持稳定，稳定后的永久位移约为 31mm，远小于地表处的土体永久位移。

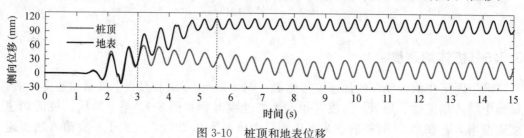

图 3-10 桩顶和地表位移

3.3.7 群桩弯矩

试验中，在桩的两侧对称粘贴应变片（图 3-3），记录试验过程中桩的应变时程反应。由欧拉梁理论可知，应变 ε 与曲率 k 成正比，并且随着距中性轴的距离 h 线性变化。应变-曲率关系式为

$$k = \frac{\varepsilon}{h} \qquad (3-1)$$

由式（3-1）可知，曲率与几何尺寸成对应关系，而与材料属性无关，因此，该公式适用于线性及非线性材料。对于圆形截面，h 为桩半径 r 的 2 倍，因此，公式（3-1）可改写为

$$\frac{1}{\rho}=k=\frac{\varepsilon_1-\varepsilon_2}{2r} \tag{3-2}$$

式中，ε_1 与 ε_2 分别表示受拉与受压侧的应变。桩的弯矩 M 为

$$\frac{1}{\rho}=\frac{M}{EI} \tag{3-3}$$

因此，由公式（3-2）与公式（3-3）可知，桩的弯矩可由桩的应变得到，即

$$M=\frac{EI(\varepsilon_1-\varepsilon_2)}{2r} \tag{3-4}$$

由式（3-4）可计算得到试验过程中桩的弯矩时程（图 3-11），其中桩 1 为靠近挡墙的桩，桩 2 为距离挡墙较远的桩。由图可以看出，阶段一，群桩的弯矩反应随着输入加速度的增大而逐渐增大。阶段二，群桩弯矩达到最大，并开始逐渐减小。这主要是由于土体发生液化侧向流动，对桩作用较大的侧向荷载，因此群桩的弯矩达到最大，由于饱和砂土完全液化，强度几乎完全丧失，因此桩体开始回弹，群桩弯矩逐渐减小。阶段三，群桩弯矩继续减小后保持不变。在该阶段土体侧向位移不再增大，作用在桩上的侧向荷载减小，导致桩继续回弹，但由于液化后的砂土仍存在一定强度，群桩不可能返回初始位置，因此，震动结束后群桩存在永久位移与永久弯矩。

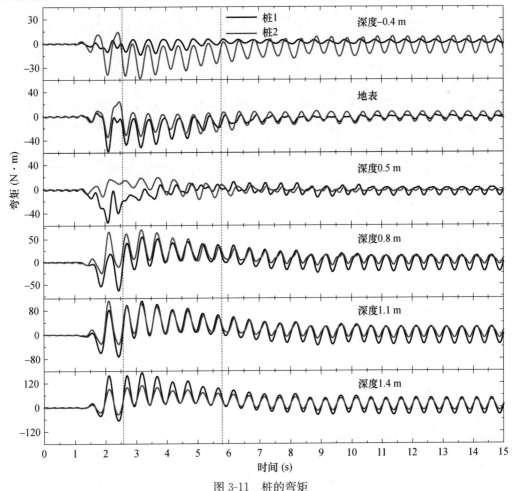

图 3-11　桩的弯矩

Motamed 等[64]与 Haeri 等[58]认为，桩的弯矩可分解为两部分，即单调弯矩（$M_{\text{monotonic}}$）与循环弯矩（M_{cyclic}），其中单调弯矩主要由土体的侧向流动产生（即运动作用），而循环弯矩主要由惯性作用产生。由于侧向流动效应是本书关注的重点，因此采用滤波的方法将循环弯矩去掉，得到桩的单调弯矩，即 $M_{\text{cyclic}} = M_{\text{record}} - M_{\text{monotonic}}$。图 3-12 为埋深 0.2m 处桩 1 弯矩分解示意图。

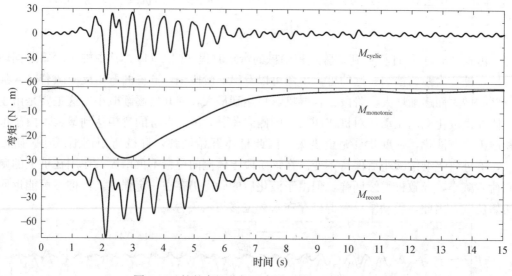

图 3-12　桩的弯矩分解示意图（桩 1 埋深 1.2m）

不同时刻桩 1 与桩 2 单调弯矩随深度变化如图 3-13 所示，可以看出，桩 1 与桩 2 的弯矩最大值都出现在桩底处，且两桩的反应规律基本一致，但与液化侧扩流场地中单桩弯矩随深度变化规律（类似于悬臂梁）显著不同。

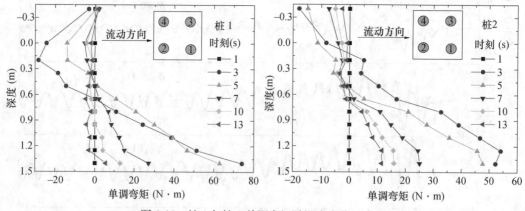

图 3-13　桩 1 与桩 2 单调弯矩随深度变化示意图

桩 1 与桩 2 单调弯矩最大值随深度变化规律如图 3-14 所示，可以看出，两者弯矩响应基本一致，其随深度的增加先增大后减小，在桩基底部的弯矩响应最大。在 1.4m 深度处桩 1 承受弯矩约为 83.3N·m，桩 2 所受弯矩为 58.4N·m；桩顶处桩 1 所受弯矩约为 -2.4N·m，桩 2 所收弯矩约为 -19.6N·m。由图可以看出，桩 1（靠近挡墙）的单调弯矩响应要大于桩 2（远离挡墙）的弯矩响应，这一结论与 Motamed 等人通过振动台试验得到的结果一致，但与微倾场地得到的结果相反。其原因是：对于近岸液化侧扩流场地，地震中挡墙率先发生倾覆，引起靠近挡墙的饱和砂土发生侧向流动，靠近挡墙的桩基首先受到流动砂土产生的侧向力，远离挡墙的桩基由于前桩的"保护"作用，所受的侧向力较小，因此后桩（即本试验中的桩 1）的弯矩响应大于前桩（本试验中的桩 2）的弯矩响应。而对于微倾场地，饱和砂土发生液化后，坡顶部分率先发生侧向流动，因此后桩（靠近坡顶的桩）的弯矩响应要大于前桩（靠近坡地）的弯矩响应。

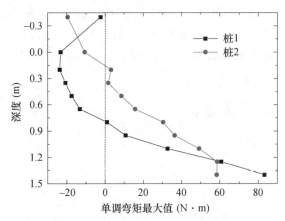

图 3-14　桩 1 与桩 2 单调弯矩最大值随深度变化规律

3.4　液化侧扩流场地群桩-土简化分析方法

3.4.1　液化侧扩流场地群桩简化分析模型

现阶段，液化侧扩流场地桩基简化分析方法主要包括基于极限平衡理论提出的力法与基于位移需求提出的位移法（即 $p-y$ 法）。其中，力法原理简单，受力分析明确且可以进行手算，而被各国桩基抗震规范所采用，广受工程师的欢迎。总结现有研究成果可知，力法主要包括日本公路协会（JRA）和日本圬工协会（JSWA）提出的三角形荷载分布、Dobry 等提出的均布荷载理论。

对于单桩，日本公路协会规范认为作用在桩基上的液化侧向流动土压力呈三角形分布，即

$$q_L = C_s C_L \gamma_L z D \tag{3-5}$$

式中　q_L——埋深 z 处液化土层产生的侧向流动土压力，kN/m；

　　　C_s——考虑计算深度处与水位线距离的折减因子，当桩基长度小于 50m 时取 1；

　　　C_L——液化土层侧向流动土压力折减系数，通常取 0.3；

　　　γ_L——液化图层的平均重度，kN/m^3；

　　　D——桩径，m。

对于群桩，日本公路协会规范将群桩视为等效单桩，群桩中各基桩的土压力相等，由式（3-6）计算：

$$q_L = \frac{C_s C_L \gamma_L z W}{n} \tag{3-6}$$

式中　W——群桩宽度；

　　　n——群桩中的总桩数。

日本坞工协会（JSWA）规范给出了不同的群桩侧向土压力计算方法。该规范直接采用桩径计算群桩中各基桩的侧向土压力，认为作用在各基桩上的土压力相同，可以采用式（3-7）计算：

$$q_L = 0.05 D \gamma_L z \qquad (3-7)$$

基于已完成的近岸液化侧扩流场地 2×2 群桩振动台模型试验，建立简化分析模型（图 3-15）。模型中将 2×2 群桩简化为平面钢架结构，其中，梁的刚度为无穷大，柱的刚度与试验中所采用桩基刚度相同；为准确刻画桩顶与承台以及桩底与基底连接的半刚性，桩底与基底以及桩顶与承台地连接采用旋转弹簧模拟；计算过程中假定梁柱均为弹性。

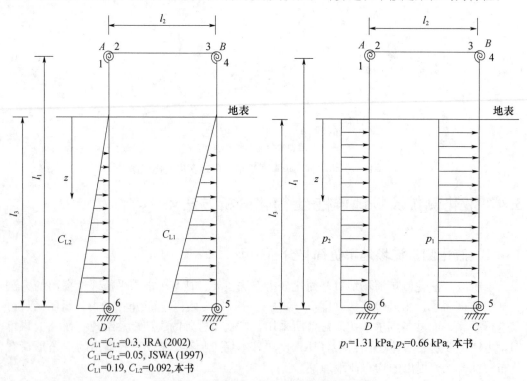

$C_{L1} = C_{L2} = 0.3$, JRA (2002)
$C_{L1} = C_{L2} = 0.05$, JSWA (1997)
$C_{L1} = 0.19$, $C_{L2} = 0.092$, 本书

$p_1 = 1.31$ kPa, $p_2 = 0.66$ kPa, 本书

图 3-15　液化侧扩流场地群桩简化分析模型

简化分析模型中，液化侧扩流产生的侧向土压力分布采用三角形分布与均匀分布两种形式（图 3-15）。对于均匀分布，假定作用在桩 1 和桩 2 上的均布荷载为 p_1 和 p_2；对于三角形分布，假定作用在桩 1 和桩 2 上的液化侧向土压力折减系数 [式（3-5）] 为 C_{L1} 和 C_{L2}。根据试验得到的弯矩结果进行失算，得到作用在桩 1（靠近挡墙的桩）上的土压力 $p_1 = 1.31$ kPa，作用在桩 2 上的液化侧向流动土压力 $p_2 = 0.66$ kPa；桩 1 的侧向流动土压力折减系为 $C_{L1} = 0.19$，桩 2 的侧向流动土压力折减系数为 $C_{L2} = 0.092$。

图 3-16（a）为作用在桩 1 上的侧向土压力对比，图 3-16（b）为采用各种土压力分布计算得到的桩 1 弯矩响应。由图可以看出，本书提出的土压力分布稍小于日本公路协会规范推荐值，远大于日本坞工协会规范计算结果 [图 3-16（a）]，因此，日本公路协会规范高估

了桩 1 的弯矩响应，而日本坞工协会规范低估了桩 1 的弯矩响应［图 3-16（b）］。图 3-16（c）为采用作用在桩 2 上的侧向土压力对比，图 3-16（d）为采用各种土压力分布计算得到的桩 2 弯矩响应。由图可以看出，本书提出的土压力分布远小于日本公路协会规范推荐值［图 3-16（c）］，而大于日本坞工协会规范计算结果。因此，日本公路协会规范显著高估了桩 2 的弯矩响应，而日本坞工协会规范低估了桩 2 的弯矩响应［图 3-16（d）］。

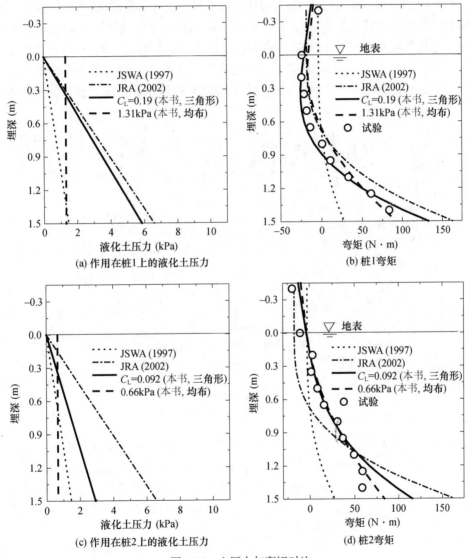

图 3-16　土压力与弯矩对比

由上述土压力结果可以看出，液化侧扩流场地作用在群桩中各基桩的土压力存在显著不同，对于本书研究的群桩而言，作用在桩 1 上的液化侧向流动土压力约为桩 2 的两倍。

3.4.2　参数分析

3.4.2.1　桩底连接刚度（K_s）

在实际工程中，桩基打入的土层类型复杂，桩基底部与基底的连接方式各异，导致桩底的约束程度存在显著差异，为此本节基于 2.4.1 节提出的简化分析模型，研究了桩底与基底连接刚度对桩基峰值反应的影响。该节研究主要通过改变简化分析模型中桩底与基底的连接刚度对桩的弯矩响应进行对比分析。分析过程中保持桩径、桩顶连接刚度以及其他参数不变。桩基刚度为 188GPa，当桩底弹簧转动刚度与桩基刚度基本一致时，可认为桩基与基底连接方式为固接，当桩底弹簧转动刚度远小于桩基刚度时（不为零是基于计算收敛的考虑），可认为桩基与基底连接方式为铰接。因此 $K_s＝0.1N\cdot m/rad$ 时代表桩底与基底为铰接，而 $K_s＝1.1\times10^{11}N\cdot m/rad$ 时将桩底与基底连接近似看作固接。桩底连接刚度对群桩弯矩反应的影响见图 3-17，由图可以看出，桩底连接刚度对桩的弯矩反应影响显著，随着 K_s 的增大，桩底弯矩逐渐增大，而桩顶弯矩逐渐减小。由此得出，当桩底连接刚度较大时，在液化侧向流动荷载作用下桩底更容易发生破坏。

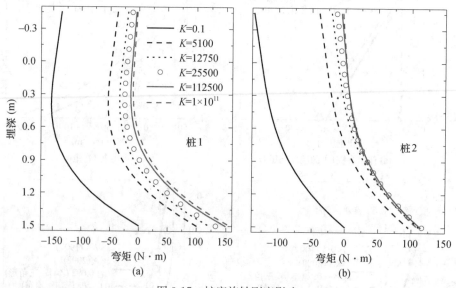

图 3-17　桩底旋转刚度影响

3.4.2.2　桩顶连接刚度（K_c）

现有研究结果表明，地震过程中桩顶受承台约束的桩基与桩顶自由的桩基动力响应存在显著差异。为研究液化侧扩流场地中桩顶约束条件对桩基响应的影响，本节基于 3.4.1 节简化分析模型，分析桩顶连接刚度对桩基弯矩响应的影响。分析时保持桩径、桩底连接刚度以及其他参数不变。当 $K_c＝0.1N\cdot m/rad$ 时代表桩顶与承台为铰接，而 $K_c＝1.1\times10^{11}N\cdot m/rad$ 时将桩顶与承台连接近似看作固接，其他值代表刚接与固接的中间工况。桩顶连接刚度对群桩弯矩反应的影响见图 3-18，由图可以看出，桩顶连接刚度对桩的弯矩反应影响显著。随着桩顶连接刚度的增大，桩顶弯矩逐渐增大，而桩底弯矩逐渐减小。可以看出，当桩顶连接刚度较大时，在液化侧向流动荷载作用下桩顶更容易发生破坏；反之，当桩顶连接刚度较小时，桩底更易发生破坏。因此在桩基设计过程中应当合理设计桩顶与承台的连接刚度，保证桩基受力合理。

3.4.2.3　桩径（D）

实际工程中桩的径向尺寸存在显著差异，本节采用 3.4.1 节简化分析模型分析桩径对桩基响应的影响。其共分析了 5 种不同尺寸的桩径，分别为 44mm、88mm、176mm、

264mm 和 352mm（分别为试验中所采用桩径的 0.5 倍、1 倍、2 倍、3 倍和 4 倍）。分析时保持桩顶连接刚度和桩底连接刚度以及桩的刚度不变。需要注意的是，在本节分析中，桩径的变化同时改变了作用在桩上的液化侧向土压力和桩基抗弯刚度的大小。桩径对桩基弯矩反应的影响如图 3-19 所示。在液化侧向流动过程中，液化砂土向水域一侧流动，群桩受到土体的侧向流动压力，而随着桩径增大，桩的受力面积逐渐增大，导致作用在桩基上的侧向土压力逐渐增大，因此随着桩径增大，桩基弯矩反应逐渐增大。对比桩 1 与桩 2 弯矩最大值（出现在桩底）可以发现，随着桩径增大，群桩中各单桩的弯矩最大值差别逐渐减小，即群桩效应逐渐减弱，但需要注意的是，两者的弯矩反应仍存在较大差别，即群桩效应仍然存在。

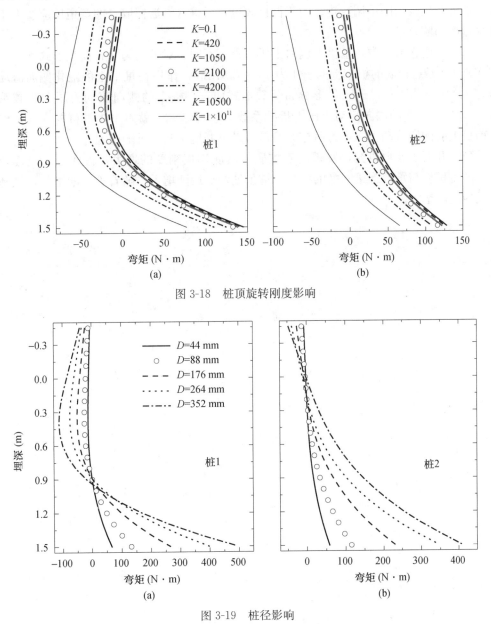

图 3-18　桩顶旋转刚度影响

图 3-19　桩径影响

3.5 本章小结

采用振动台试验手段，针对近岸液化侧扩流场地 2×2 群桩动力反应进行了研究，建立了 2×2 群桩简化分析模型，试算了两种不同的侧向流动土压力形式。基于试验测得的桩基弯矩反应结果，试算得到了作用在群桩中各基桩侧向土压力大小，并与现有桩基设计规范（日本公路协会规范和日本圬工协会规范）进行了对比。最后，对影响桩基响应的因素进行了分析，得到如下结论：

（1）饱和砂土发生液化后自由场土体加速度衰减明显，土体向水域一侧显著流动，导致群桩产生较大的单调弯矩。由于群桩效应，后桩（靠近挡墙）的弯矩反应要大于前桩（远离挡墙）。

（2）作用在群桩中各基桩上侧向土压力显著不同。对于均匀分布荷载形式而言，作用在桩 1（靠近挡墙的桩）上的土压力 $p_1 = 1.31\text{kPa}$，作用在桩 2 上的液化侧向流动土压力 $p_2 = 0.66\text{kPa}$；对于三角形分布荷载形式而言，桩 1 的侧向流动土压力折减系数 $C_{L1} = 0.19$，桩 2 的侧向流动土压力折减系数 $C_{L2} = 0.092$。就本书中的群桩而言，作用在前桩上的侧向流动土压力为后桩的两倍可以更好地预测群桩响应。

（3）开展了参数研究，发现随着桩底与基底连接刚度的增大，桩底处弯矩逐渐增大；随着桩顶与承台连接刚度的增大，桩顶处弯矩逐渐增大；随着桩径的增大，桩基弯矩反应逐渐增大。

第4章 液化侧扩流场地单桩-土地震相互作用振动台试验模拟分析

4.1 引言

第2章完成的液化侧扩流桩基振动台试验已得到大量有价值的试验数据，本章将以此为基础开展相应的数值模拟。鉴于液化侧扩流场地桩-土动力相互作用振动台试验数值模拟涉及大量细节，本章首先介绍数值模拟的建模途径，其主要包括自由水体模拟、初始应力状态模拟、桩-土相互作用模拟及岸壁模拟。其次，根据完成的振动台试验，建立桩-土动力相互作用振动台数值模型，以期获得砂土侧扩流及其对桩基的效应。通过绘制振动前数值模型云图响应（即应力、位移、孔压和应力比），确保数值模型初始受力状态合理。在此基础上，基底输入动力激励，利用振动台试验数据，进一步验证数值模型的可靠性。最后，根据模拟结果展示两个代表性时刻模型网格变形和砂层响应特征，并进行相应参数分析。除特别说明外，后续章节的数值模拟的细节与方法均与本章相同。

4.2 单桩体系数值模型构建与模拟技术途径

4.2.1 基本假定

建立数值模型时采用的基本假定如下：
（1）水和土颗粒不可压缩。
（2）砂土完全饱和。
（3）由于管桩壁较薄不考虑桩质量和重量。
（4）岸壁质量和重量通过集中质量施加于梁柱单元节点处。
（5）模型底部为刚性基岩且底部和四周均不透水，顶部为透水边界。
（6）海侧自由水体通过施加节点孔压和节点力模拟，不考虑惯性力。

4.2.2 饱和砂土本构模型

数值模拟中，本构模型的合理选取直接关系到数值模型能否真实再现动力过程中土体的实际受力特性。砂土采用多屈服面塑性本构模型，该本构模型能模拟液化特性和剪切变形的累积，进而产生较大的侧向变形。在多屈服面塑性框架下，采用多个类似圆锥形屈服面（数量可自定），其最外面为峰值剪切强度包络面（破坏面），见图4-1。这些屈服面切向剪切模量不同，即代表不同应力-应变关系，且剪切强度和刚度均与围压有关。数值模拟时选择适当的加载-卸载流动法则，使模型能够表现出强烈剪胀效应，进而使剪切强度和刚度增加，见图 4-2。

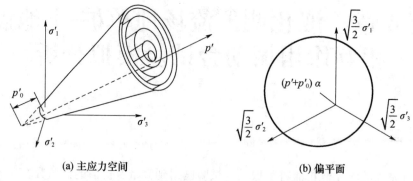

(a) 主应力空间　　　　　　　　　　(b) 偏平面

图 4-1　主应力空间和偏平面上圆锥形屈服面

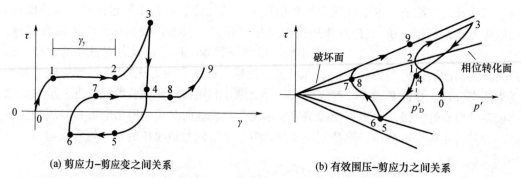

(a) 剪应力-剪应变之间关系　　　　(b) 有效围压-剪应力之间关系

图 4-2　本构模型中剪应力、有效围压和剪应变关系示意图

整体上，在剪切不排水加载过程中，饱和砂土经历了如下几个阶段：0～1 阶段，土骨架剪缩，导致超孔压上升，有效围压下降；1～2 阶段，靠近相位转换面，剪切应力没有明显变化，而剪切应变发生明显增加，本质上该阶段为理想塑性阶段；2～3 阶段，在相位转换面以上，砂土发生剪胀，有效围压增加，剪切强度和刚度增加，使砂土可以抵抗增加剪应力；3～4 阶段，卸载阶段，砂土剪应力下降，有效围压降低；4～5 阶段，在相反方向砂土出现剪缩，有效围压进一步减小；5～6 阶段，在相反方向靠近相位转换面，其响应类似 1～2 阶段；6～9 阶段，其响应类似 0～3 阶段。模型屈服函数遵循古典塑性约定，塑性应变增量与塑性势面外法线一致。剪切过程中土体剪胀或剪缩特性由非相关联流动法则控制，以期得到剪切响应和体积响应的耦合。另外，该模型已通过相对密度约 40% 的 Nevada 砂对该模型进行了大量标定，其主要包括单调和循环加载试验及动力离心机试验，Yang 等[178]将该模型在 Open Sees 中实现，即 Pressure Depend Multi Yield 材料。

根据已完成的振动台试验及三维数值模型标定结果，数值模型中计算参数取值见表 4-1，使得试验结果与模拟结果吻合较好。需要说明的是，基于砂土的相对密度可以近似得到砂土的摩擦角，根据摩擦角可以从模型的用户手册[169]得到砂土本构模型的推荐值。而在液化侧扩流数值模型中，其动力分析时的参考体积模量和渗透系数明显地影响着孔压的生长，而动力有限元分析参数 β 影响液化后加速度幅值的衰减。在上述 3 个参数标定中，首先得到在其他两个参数不变的情况下其中一个参数对加速度和孔压的影响。在此基础上，结合试验结果，通过大量试算后确定上述 3 个参数。所以整个参数标定过程其实是基于试验结果标定上述 3 个参数。

表 4-1　数值模型计算参数

类型	参数	数值
饱和砂土本构模型参数	密度（kg/m³）	1900
	参考剪切模量（kPa）	55000
	参考体积模量（kPa）	150000
	动力分析时参考体积模量（kPa）	15000
	摩擦角（°）	29
	峰值剪应变	0.1
	参考围压（kPa）	80
	围压系数	0.5
	相位转换角（°）	29
	剪缩系数 c_1	0.55
	剪胀系数 d_1	0.0
	剪胀系数 d_2	0.0
	液化系数 l_1	10.0
	液化系数 l_2	0.02
	液化系数 l_3	1.0
	渗透系数（m/s）	1.0×10^{-4}
	数值模拟中黏聚力常数（kPa）	0.3
动力有限元分析参数	Newmark 积分参数 γ	0.6
	Newmark 积分参数 β	0.325
	Rayleigh 阻尼 α	0
	Rayleigh 阻尼 β	0.0005
	流体体积模量（kPa）	2200000

4.2.3　自由水体模拟

数值模型中，当水位线高于地表时，需考虑自由水体的模拟。Uzuoka 等[46]进行振动台试验数值模拟时，仅确定水位线位置并未考虑自由水体效应。Vytiniotis[179]给出两种方法模拟自由水体。第一种采用非常软的介质模拟自由水体，根据水体 P 波波速为 1450m/s，得到水体压缩模量如式（4-1）：

$$M = \rho v_p^2 = 1000 \times 1450^2 \, \text{Pa} = 2.25 \text{GPa} \tag{4-1}$$

假定水体被赋予非常小的名义剪切模量 $G = 1\text{kPa}$，由式（4-2）和式（4-3）可得到水的泊松比和弹性模量：

$$\nu = \frac{M/G}{2(1 - M/G)} + 1 = 0.499999778 \tag{4-2}$$

$$E=2G(1+v)=2.99999956\text{kPa} \tag{4-3}$$

因此，在数值模拟时，通过定义非常大的压缩模量和非常小的剪切模量或定义泊松比和弹性模量近似模拟自由水体。采用上述方法，可实现土-水相互作用的 3 个主要特征：①P 波沿水体传播；②土体和水之间剪切相互作用，类似于水体黏滞力，可引起表层砂土发生明显剪应变（因为表层砂土有效应力非常低）；③模拟土-水界面自由排水。但自由水体透过土-水界面进入土层的机理不能被模拟。虽然此方法建模相对简单但在土-水界面很难收敛。鉴于此，Vytiniotis 提出第二种模拟自由水体的方法。与第一种方法相比，第二种方法建模相对复杂，该方法是通过施加节点静水压力和相应节点力模拟自由水体。为了得到合理的有效应力，此方法需在相应节点施加垂直于地表的静水压力，同时指定由于水体重力而施加于土体节点的荷载。此方法可以在 Open Sees 中实现，但忽略了动力过程中水体惯性力。

由于第一种方法存在收敛性问题，因此在振动台试验数值模拟中，海侧 0.5m 厚自由水用第二种方法模拟。为了确保第二种方法能获得可靠孔压和有效应力，建立一个简单土柱模型（图 4-3）对其进行演示和验证。土柱长、宽和高分别 1m、1m 和 5m，共 5 个单元，相对密度 $D_r=1900\text{kg/m}^3$，水位线位于地表以上 2m，采用剪切梁边界。

图 4-4 为自重作用下土柱模型竖向有效应力和孔压云图，可以看出有效应力与土体深度有关，孔压与水位线相关，即在土层表面有效应力为零而孔压并不为零。可见采用此方法，在地表处可以获得合理的有效应力和孔压，也就是说，该方法能模拟自由水体对土层有效应力和孔压的影响。

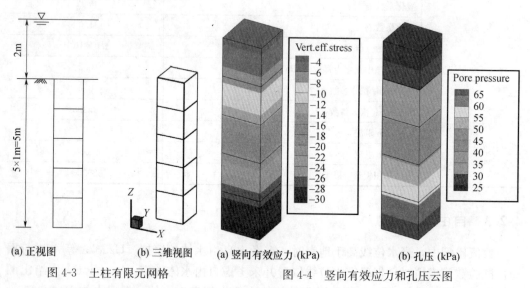

(a) 正视图　(b) 三维视图　　　(a) 竖向有效应力 (kPa)　　(b) 孔压 (kPa)

图 4-3　土柱有限元网格　　　　　　图 4-4　竖向有效应力和孔压云图

4.2.4　土体初始状态分析

众所周知，地震前实际场地存在非零有效应力场和孔压场，但位移场为零，因此数值模拟时需要将施加重力后模型位移场置零。对于此，不同计算机程序采用不同的处理方法。Open Sees 采用初始状态分析法得到施加重力后的零位移场，这将保证模型维持初始几何尺寸。同时，后续加入桩单元后，为保证网格初始变形不会引起桩单元初始变形和内力，需要采用如下两个重力分析步：①激活初始状态分析，进行重力分析得到非零应力场、孔压场和位移场；②抑制初始状态分析，执行第二个重力分析步，获得非零孔压场、应力场和零位移场。

　　此处以 3.2.3 节所示的模型为例，执行上述两个重力分析步进行初始状态分析。图 4-5 和图 4-6 为第一、第二个重力分析步结束后土层竖向有效应力、孔压和竖向位移，可知第二个重力分析步结束后，场地竖向有效应力和孔压与第一个重力分析步结束后相同，位移从第一个分析步的非零变为零。这说明重力施加后，采用初始状态分析可得到零位移场和非零应力场和孔压场。需要注意的是采用初始状态分析法时，只能将弹性状态下重力引起的土体位移置零，若土体已从弹性状态转为塑性状态，该分析方法并不能将由塑性引起的位移置零。

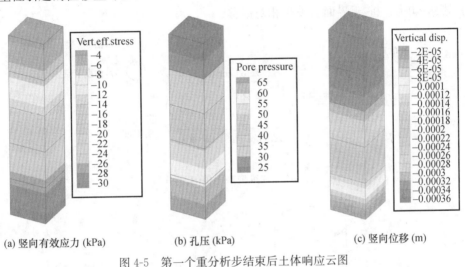

(a) 竖向有效应力 (kPa)　　　　(b) 孔压 (kPa)　　　　(c) 竖向位移 (m)

图 4-5　第一个重分析步结束后土体响应云图

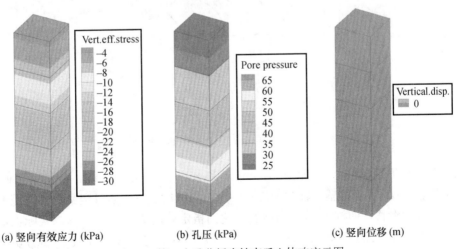

(a) 竖向有效应力 (kPa)　　　　(b) 孔压 (kPa)　　　　(c) 竖向位移 (m)

图 4-6　第二个重分析步结束后土体响应云图

4.2.5　三维桩-土界面模拟

　　考虑到目前接触面采用零长度已有了大量研究和应用，但对于桩-土接触面采用零长度单元研究相对较少。鉴于 Open Sees 已经开发了大量零长度单元，因此本书在借鉴 Elgamal 桩-土刚性连接基础上，增加相应零长度单元，通过赋予零长度单元桩-土接触面属性，近似模拟桩-土摩擦滑动机理。此连接仍保留刚性连接单元，一方面是考虑桩径效应；另一方面是避免由于桩-土界面滑动导致阻尼力过大。在刚性连接单元基础上增加零长度单元实现三维桩-土界面连接，还需在桩土间增加另外两个节点（因为零长度单元要求连接的两个节点自由度相同），进而实现刚性连接单元和零长度单元间的连接，如图 4-7 所示。在三维桩-土界面连接中，需在刚性连接单元和土体节点间并联两个零长度单元，即 zero Length 单元和 zero Length Section 单元，如图 4-7 所示。其中，zero Length 单元提供沿刚性连接方向的轴力，zero Length Section 单元提供沿桩轴向和桩切向耦合剪切力，如图 4-8 所示。从本质上讲，桩-土界面任意一个方向剪切力达到定义的屈服剪切力，桩-土界面会发生相对滑移。

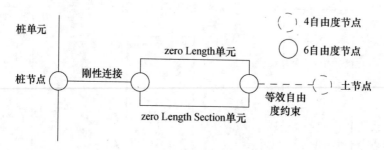

图 4-7　三维模型中桩-土的连接

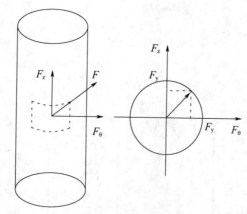

图 4-8　三维模型中 zero Length Section 耦合剪切力

这里定义的零长度单元（即 zero Length 和 zero Length Section）提供了两种桩-土接触面响应：①垂直于桩轴的轴向响应；②沿桩周剪切响应。通过定义剪切屈服力，可模拟桩-土界面滑移，即桩-土接触面剪切力达到指定屈服力时发生滑移。实际上，沿桩轴剪切屈服力随刚性连接单元轴向力增加而增大，但此连接假定桩-土界面剪切力仅与桩侧土体材料特性有关，与垂直桩轴力无关。相比桩-土界面刚性连接方法，采用上述桩-土界面连接单元，可以很好地避免由于土体过大位移而引起桩上过大轴力，甚至出现受拉轴力，同时使沿埋深方向桩弯矩剖面变化更光滑。

下面给出桩-土界面剪切屈服力计算方法。桩-土界面剪切屈服力与土体黏聚力和摩擦角有关。对黏土层桩-土界面剪切屈服力仅与黏聚力有关；对砂土层桩-土界面剪切屈服力仅与摩擦角有关。当零长度单元介于黏土层和砂土层分界面时，桩-土界面剪切屈服力受黏土层黏聚力和砂土层摩擦角共同影响。

与黏聚力有关部分剪切屈服力见式（4-4）：

$$F_{\text{cohesion}} = l \times h \times c \tag{4-4}$$

式中　l——桩周长，m；

　　　h——相邻桩单元中心点到中心点距离，m；

　　　c——土体黏聚力，Pa。

与摩擦角有关的部分，剪切屈服力通过式（4-5）计算：

$$F_{\text{friction}} = \sigma_{\text{v}} \times \frac{\nu}{1-\nu} \times l \times h \times \tan\varphi \tag{4-5}$$

式中　σ_{v}——竖向应力，Pa；

　　　ν——泊松比；

　　　φ——摩擦角，°。

需要注意的是，对饱和砂土 σ_{v} 为竖向有效应力。依照上述公式计算的屈服力和沿桩周方向零长度单元数量，可定义每一个零长度单元屈服力如式（4-6）：

$$F_{\text{y}} = F_{\text{zero,clay}} = \frac{F_{\text{cohesion}}}{N} \text{ 或 } F_{\text{zero,sand}} = \frac{F_{\text{friction}}}{N} \tag{4-6}$$

式中　N——沿桩周零长度单元的数量。

从上面不难看出，在计算不同埋深处桩-土界面剪切屈服力时，所采用的法向有效应力为对应埋深处土体水平有效应力。实际上，该水平有效应力在地震过程中是变化的，但是目前这种桩-土界面连接方式并不能实时更新桩-土界面的法向有效应力，也即整个地震过程中，桩-土界面剪切屈服力不随法向有效应力的变化而变化。这也是需要人们在将来进一步研究的一个问题，即如何考虑桩-土界面的剪力屈服力依靠法向有效应力的变化而变化。表 4-2 为不同埋深处沿桩周零长度单元屈服剪切力合力。数值模型中，桩-土界面剪切屈服力通过 Open Sees 中 Hardening 单轴材料[169]定义。图 4-9 为循环加载下此材料典型力-位移关系。

表 4-2　zero Length Section 单元屈服剪切力的合力

埋深（m）	竖向有效应力（kPa）	剪切屈服力的合力（N）
0.00	0.00	30.0
0.20	1.80	131.2
0.35	3.15	163.0
0.50	4.50	213.6
0.65	5.85	264.2
0.80	7.20	314.7
0.95	8.55	365.3
1.10	9.90	415.9
1.25	11.25	466.5
1.40	12.60	430.9
1.50	13.50	183.6

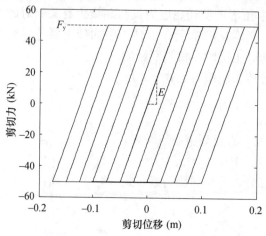

图 4-9 循环加载下 Hardening 材料典型力-位移的关系

4.2.6 岸壁模型建立

目前，对岸壁模拟主要有三种单元：①实体单元；②壳单元；③梁柱单元。由于数值模拟中，首先要得到模型重力场，岸壁特性与周围土体特性存在明显差异，且岸壁使左右两侧土体为两个独立部分，即左右两侧土体不能相互直接影响，需要通过岸壁传递作用。因此输入动力激励前，要求岸壁具有足够刚的特性，保证两侧土体互不影响；而在随后的分析中，需要将岸壁弹性模量改为实际模量。在 OpenSees 中，壳单元无法进行参数更新，实体单元参数更新仅针对黏土（MultiYield Surface Clay），而梁柱单元可以进行参数更新。

鉴于此，本书采用并列线性梁单元模拟岸壁，见图 4-10。中间用刚性梁单元连接，两侧土体节点（4 个自由度）分别连接到对应线性梁单元节点（6 个自由度）。左（右）侧土体节点和对应梁单元节点坐标相同。梁单元节点与左（右）两侧土体节点连接通过约束土节点和梁单元节点水平自由度相同，释放竖向自由度，即岸壁与周围土体可发生滑动，进而实现岸壁与土体界面模拟。岸壁底部采用铰接，允许其绕底部轴转动。需要说明的是，输入动力激励前，为保证重力作用下岸壁具有一定的稳定性，对其赋予较大的弯曲刚度，动力激励后，将岸壁材料更新为实际特性。

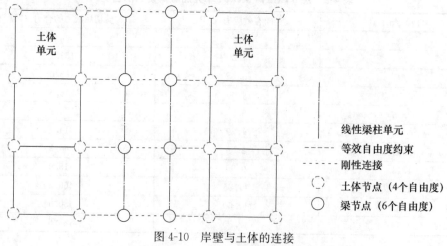

图 4-10 岸壁与土体的连接

4.2.7　边界条件

对于动力问题，模型边界是一个很重要的问题，因为模型边界存在波反射，会对结果造成一定影响。Open Sees 中提供了以下几类边界条件：固定边界、周期性边界、剪切梁边界、自由场边界和黏弹性边界。由于模型两侧存在高差，会导致两侧边界竖向位移不同，而周期性边界和剪切梁边界都适用模型两侧土层高度相同。黏弹性边界目前只针对非饱和土体情况。对自由场边界二维问题，目前一些研究者将边界两侧采用非常重的土体单元，通过设置边界土体单元非常大的厚度（如 10000）获得非常重的边界，近似模拟自由场边界。但对于三维问题，很难用类似方法获得非常重的自由场边界，这可能仍是以后研究非常关注的问题。

鉴于此，数值模拟中采用固定边界条件，将水平自由度固定，释放竖向自由度。但此方法固定边界会忽略辐射阻尼，从而导致计算区域边界产生波反射。因此，为了尽可能减弱边界效应对数值结果影响，将两侧边界延长模型高度的 0.5 倍。边界条件设置如下：①振动前固定模型底部全部自由度，输入基底激励后，释放沿振动方向基底自由度；②陆侧地表孔压为零，海侧按自由水体高度，施加孔压荷载和节点力（见 4.2.3节）；③固定两侧水平自由度，释放竖向自由度，模型两侧为不透水边界，表层透水。

4.2.8　计算域划分

数值模型中，采用土-水完全耦合的三维 8 节点六面体线性等参单元（brick UP）模拟饱和砂土，如图 4-11，每个节点有 4 个自由度，1～3 为土颗粒位移自由度，4 为孔压自由度。此单元基于 Biot 多孔介质理论，将饱和砂土简化为两相材料，并将 Biot 理论公式离散为 $u-p$ 形式，其中 u 为土颗粒位移，p 为孔压，该形式考虑饱和砂层孔压和土骨架变形关系。$u-p$ 形式控制方程包括流量守恒方程和水-土混合物运动方程，其有限元实现形式如式（4-7）和式（4-8）：

$$M\ddot{u} + C\dot{u} + \int_{\Omega} B^T \sigma' d\Omega - Qp = f^u \tag{4-7}$$

$$Q^T \dot{u} - S\dot{p} - H\dot{p} = f^p \tag{4-8}$$

式中　u——位移向量；

p——孔压向量；

M——质量矩阵；

B——应变-位移矩阵，与应变和位移增量有关；

σ'——有效应力向量；

Q——土-水耦合的离散梯度算子；

S——压缩矩阵；

H——渗透系数矩阵；

f^u 和 f^p——分别表示体积力在水-土混合物和液相中给定的边界条件。

数值模型中网格尺寸大小会对计算精度和时间造成直接影响。Kuhlemeyer[180] 和 Lysmer 通过研究发现，当数值模型中单元尺寸小于输入波最高频率所对应波长的 1/8或 1/10 时，可精确刻画模型波的传播特性。Chiaramonte 等[181] 在研究近海结构时发现

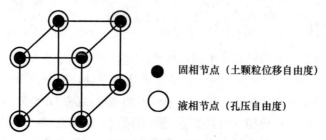

固相节点（土颗粒位移自由度）

液相节点（孔压自由度）

图 4-11 三维流固耦合六面体 brick UP 单元

单元尺寸由模型中最软材料剪切波长决定。为了保证剪切波能通过模型单元，在最短波长范围内至少划分 4 个单元，即模型单元最大可能高度 h_{elt} 按式（4-9）计算：

$$h_{elt} \leqslant \frac{\lambda}{4} = \frac{T_{min} v_{min}}{4} \tag{4-9}$$

式中　λ——最软材料剪切波长，m；

$\quad T_{min}$——最软材料周期，s；

$\quad v_{min}$——最软材料剪切波速，m/s。

一般对于岩土地震工程问题，其截断频率不小于 10Hz。数值模型中模型网格最大尺寸为 0.24m 即可满足上述要求，并对靠桩区域和岸壁区域网格尺寸适当加密。考虑到振动台试验中传感器的位置（图 2-9）。网格沿竖直方向除底层和地表单元高度分别为 0.1m 和 0.2m，其余均为 0.15m。

4.2.9　基底输入与阻尼型式

为了便于对数值计算与试验结果对比，将试验中振动台台面记录的基底激励作为数值模型基底输入（幅值 0.18g 频率 2Hz 的正弦波，见图 2-11）。Open Sees 提供了两类基底运动输入方式：一类是用于单点输入的均匀基底激励 Uniform Excitation，即模型底部各点具有相同的基底加速度，另一类是非一致基底激励 Multi-Support Excitation，即对应多点输入，允许不同基底不同点具有同不加速度。但要注意两种基底输入方式对同一记录结果的差异性。考虑到振动台试验基底加速度相同，采用第一类基底运动输入方式。

为了防止分析中剪切波跳过单元，动力时程分析中最小时步按公式（4-10）确定：

$$dt_{min} \leqslant \frac{h_{elt}}{v_{max}} \tag{4-10}$$

式中，v_{max} 为模型中最硬材料的剪切波长，m。数值模型中计算时步为 0.01s，满足上述要求。

动力矩阵方程采用 Newmark 类型的单步预测、多重修正积分方法[182]，积分参数 $\gamma = 0.6$ 和 $\beta = 0.3025$。计算中每一时步采用修正的 Newton-Raphson 法[183]求解一组瞬态方程，通过不断更新刚度算子加快收敛，使其达到预定收敛精度，即归一化位移增量小于 10^{-4}。

数值模型采用的阻尼 D 如式（4-11）：

$$D = \alpha M + \beta_k K_{current} + \beta K_{init} + \beta_k^{commit} K_{commit} \tag{4-11}$$

式中　　　　　　M——单元或节点质量矩阵；

α——单元或节点质量矩阵系数；

$K_{current}$、K_{init} 和 K_{commit}——分别为特定时步单元当前刚度矩阵、初始刚度矩阵和收敛时刻刚度矩阵；

β_k、β 和 β_k^{commit}——分别为上述刚度矩阵所对应的系数。

输入地震动前，为加速收敛设 β_k^{commit} 为 1.0，其他阻尼系数为零；输入基底激励后，为获得液化后低水平的加速度，选用较小的阻尼系数 β，见表 4-1，其他阻尼系数为 0。需要说明的是，输入地震动前，必须将初始刚度矩阵阻尼系数设为 0，特别是数值模型中需更新材料特性时。否则，该阻尼系数直接影响地震输入下模型整体响应。

4.2.10　数值模拟步序

数值模拟中，采用线性和非线性方法对数值模型进行分析。线性分析时，先施加土体自重，保持土体为弹性，接着应用初始状态分析（4.2.4 节），维持土体初始应力状态，使土体初始位移为零。之后，执行模型非线性分析，获得初始应力状态作为随后动力分析的初始条件。整个分析中，为获得数值收敛和实际加载条件，按顺序执行以下 5 个分析步：

（1）施加土体自重，激活初始状态分析并增加岸壁梁柱单元。此分析步中土体和岸壁材料为线弹性材料，且岸壁弯曲刚度较高；同时，海侧地表施加节点力和孔压荷载模拟 0.5m 高的自由水体，砂土采用较高渗透系数即 1m/s。

（2）所有单元与（1）分析步中特性相同，抑制初始状态分析，确保得到非零应力和孔压状态及零位移场。

（3）增加桩和桩-土连接单元（即刚性连接单元和零长度单元），其他条件与（2）分析步相同。注意本研究中用线弹性梁单元模拟桩。

（4）维持其他条件与（3）分析步相同，土体材料由弹性状态变为塑性状态。

（5）将岸壁弯曲刚度更新为实际刚度，砂土渗透系数更新为实际渗透系数，维持其他材料与（4）分析步相同，施加基底动力激励。

4.2.11　数值分析前后处理方法

与其他大型商业软件，如 ANSYS、ABAQUS、FLAC2D/3D 和 DIANA 等相比，OpenSees 没有前后处理界面，针对特殊模拟情况，一些研究者开发了相应的前后处理界面，比较有代表性的如 Elgamal 团队基于 C++ 所开发的 OpenSeesPL、Yang 团队基于 MATLAB 所开发的 OpenSees Navigator 以及由陈博士开发的针对建筑模型 ETO（ETABS To OpenSees）前后处理程序及目前广泛应用的 NextFEM Designer 有限元分析程序。但上述程序仅针对特定模型而开发，不具有广泛的适用性。此外，目前一些研究者采用 GID 作为 Open Sees 前后处理界面。考虑到本书研究对象的特殊性（特别是后续实际群桩结构-地基网格的复杂性），本书利用 ABAQUS 强大的划分网格技术进行前处理，编写 MATLAB 输入接口，将 ABAQUS 生成的模型数据文件（.inp 文件）转化为 OpenSees 模型输入文件（.tcl 文件）；而后处理利用 Tecplot 完善的 XY 图、2D 图和 3D 图绘图功能，利用 MATLAB 编写 Tecplot 输入文件。

4.3　单桩体系数值模拟方法可靠性验证与参数分析

4.3.1　振动台数值模型

根据已完成的液化侧扩流场地桩-土动力相互作用振动台试验，建立三维有限元数值模型。数值模型中，考虑试验测得的桩底最大应变小于桩材料弹性应变（图 2-2），桩采用弹性梁柱单元（elastic Beam Column），桩与周围土体连接见图 4-7，岸壁采用基于位移的梁柱单元（disp Beam Column），土体采用土-水耦合的六面体单元（brickUP），海侧自由水体通过施加孔压荷载和节点力模拟（4.2.3 节）。由于振动台试验左右两侧不对称，采用固定边界条件（4.2.8 节）。考虑振动试验体的对称性，为减少计算量沿纵对称面取一半试验体模拟。

基于此，三维有限元模型见图 4-12，其长、宽和高分别为 5m、1.1m 和 1.5m。桩分为 13 个桩单元，地面以上 3 个单元，每个单元长为 0.15m，其余为地面以下单元，地表和桩底处桩单元长分别为 0.2m 和 0.1m，其余为 0.15m。桩单元和基底采用零长度单元连接（zero Length）。三维有限元模型中，共 3199 个 4 自由度节点、300 个 6 自由度节点，2399 个非线性 brickUP 单元、470 个线性梁柱单元、55 个非线性零长度单元、56 个线性零长度单元和 207 个 equalDOF 约束。同时在每个分析步结束后，检查数值模型关键节点位移时程，确保每个分析步结束后，模型位移稳定。

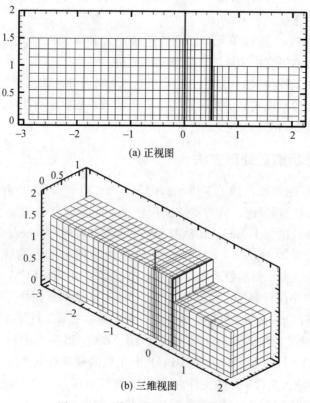

(a) 正视图

(b) 三维视图

图 4-12　三维有限元网格（单位：m）

4.3.2　数值模拟方法验证

数值模型的可靠性通过桩与砂层动力响应进行验证，同时必须保证输入激励前初始状态合理。下面首先分析输入基底激励前砂层孔压、有效应力、位移及应力比。在此基础上，通过输入基底激励，对比试验和计算的自由场加速度和孔压、桩弯矩和桩头位移，验证已建立数值模型的可靠性。

4.3.2.1　动力输入前结果比较

1. 土体弹性阶段计算结果

图 4-13 为施加土体自重后，土体处于弹性状态下模型位移、有效应力、孔压和应力比。由图 4-13（a）可知，弹性阶段分析结束后，岸壁两侧竖向位移分布均匀，但两侧竖向位移不相同，这是由两侧竖向有效应力不同引起的，如图 4-13（c）。由重力引起的砂层竖向有效应力均匀分布，埋深越深竖向有效应力越大。基于泊松比和竖向有效应力，水平有效应力也呈现均匀分布见图 4-13（d），与竖向有效应力类似。土体弹性状态阶段，由于岸壁刚度较大，土体未发生侧向变形见图 4-13（b）。图 4-13（e）是弹性阶段分析步结束后应力比分布云图。应力比 η_r 定义为塑性状态下土体在当前围压下八面体剪切强度与峰值八面体剪切度之比，见式（4-12）：

$$\eta_r = \frac{\tau_{oct,c}}{\tau_{oct,f}} = \frac{\tau_{oct,c}}{\dfrac{2\sqrt{2}\sin\varphi}{3-\sin\varphi}p' + \dfrac{2\sqrt{2}}{3}c} \tag{4-12}$$

式中　c——土体黏聚力，kPa；

φ——土体摩擦角，°；

p'——当前围压，kPa。

根据式（4-12）得到弹性状态分析步结束后，应力比为零，如图 4-13（e）。图 4-13（f）为弹性阶段结束后孔压分布图，岸壁两侧孔压相同，这说明孔压大小仅与水位线高度有关，即由静水压力引起的砂层孔隙水压力呈均匀分布，静水压力随埋深增加而增加。这进一步证明海侧已成功施加了孔压荷载和节点力。图 4-14 为应用初始状态分析后，模型位移分布，可以看出模型竖向位移从非零 [图 4-13（a）] 变为零（图 4-14）。从前面分析不难看出，岸壁两侧两个模型相互独立，这使两侧反应各自独立。

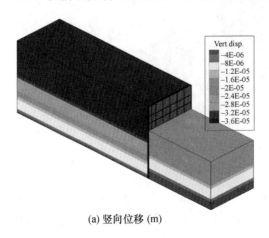

(a) 竖向位移 (m)

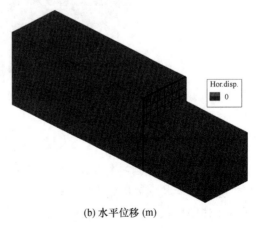

(b) 水平位移 (m)

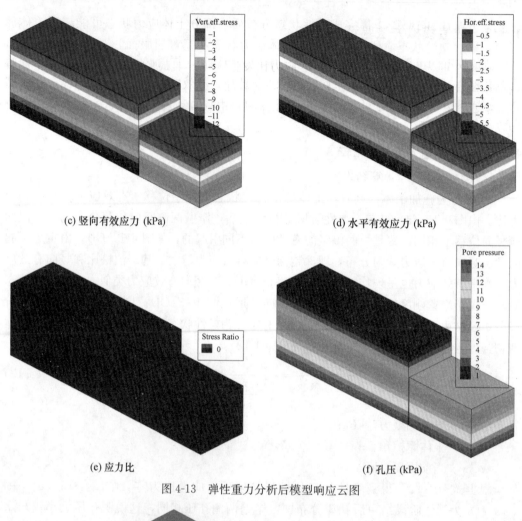

(c) 竖向有效应力 (kPa)　　　　　　　　　(d) 水平有效应力 (kPa)

(e) 应力比　　　　　　　　　　　　　(f) 孔压 (kPa)

图 4-13　弹性重力分析后模型响应云图

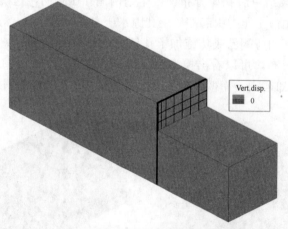

图 4-14　弹性重力分析后（应用初始状态分析）竖向位移（m）

2. 土体塑性阶段计算结果

土体弹性状态分析完成后，将其材料从弹性转变为塑性，完成土体塑性状态分析。进行土体塑性状态分析主要目的是：①确保输入动力后，土体可能进入塑性状态；②对于复杂边界（如陡坡）土体完成弹性状态分析后，部分土体应力状态可能超过土体屈服面，通过塑性状态阶段分析，确保土体应力状态不超过屈服面。对简单边界情况，弹性和塑性重分析结果类似，主要是应力比发生变化。本试验模拟中，弹性和塑性阶段分析结束后，位移［图 4-15（a）和图 4-15（b）］、有效应力［图 4-15（c）和图 4-15（d）］和孔压［图 4-15（e）］几乎保持不变，但模型应力比由零变为非零，最大应力比在振动前达到 0.56，见图 4-15（f）。

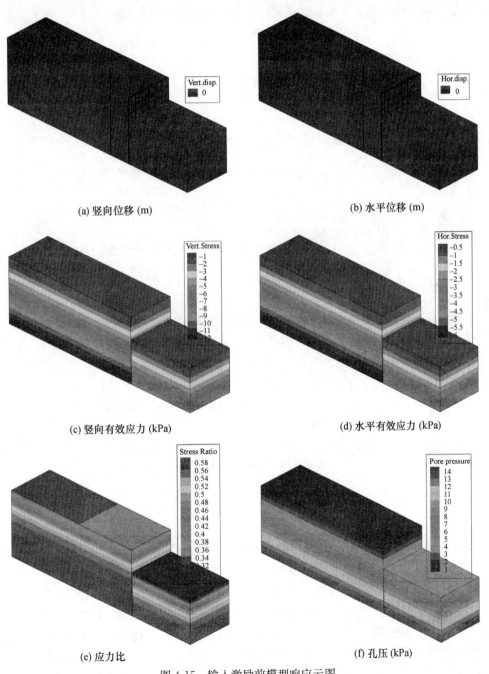

(a) 竖向位移 (m)　　　　　　　　　　(b) 水平位移 (m)

(c) 竖向有效应力 (kPa)　　　　　　　(d) 水平有效应力 (kPa)

(e) 应力比　　　　　　　　　　　　　(f) 孔压 (kPa)

图 4-15　输入激励前模型响应云图

4.3.2.2 动力输入后结果比较

1. 计算值与试验值对比

图 4-16 为自由场超孔压计算值与试验对比图，可以看出孔压试验值和计算值幅值虽稍有差别但变化趋势基本一致，如最大超孔压和液化初始状态。试验值和计算值均表明：孔压累积非常迅速，几个振动循环后大部分砂层发生液化，且液化状态一直维持到振动结束。埋深 1.4m 处计算孔压值滞后试验值。将试验和计算值进行对比可以发现，液化后砂层超孔压波动非常小，这说明砂层没有明显循环剪胀特性。

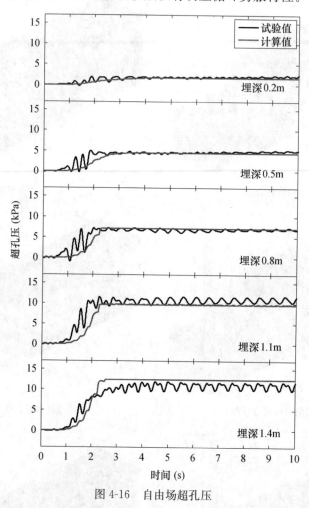

图 4-16　自由场超孔压

图 4-17 为自由场加速度计算值与试验值对比图，可以看出土体液化后，加速度出现非常明显衰减，且地表加速度周期明显拉长。与试验值相比较，数值模拟得到的地表加速度周期未出现明显拉长现象。图 4-18 为计算和试验得到的侧向土体位移对比，从图中可知 4s 前计算值与试验值吻合较好，4s 后试验土体侧向位移明显大于计算值。这可能与计算中采用的固定边界有关。试验时土体液化后，土体和土箱侧壁发生一定分离。数值模型中，由于采用固定边界条件，未出现类似现象。随着基底振动进行，砂层侧向位移逐渐增加，7s 后砂层位移不再增加，直至振动结束均维持恒定。图 4-19 为桩

弯矩计算值与试验值对比图。从图中可看到试验值和计算值整体变化趋势一致，但幅值上存在一定差异，尤其是液化后和液化侧扩流阶段，此差异很可能是由桩底约束引起。

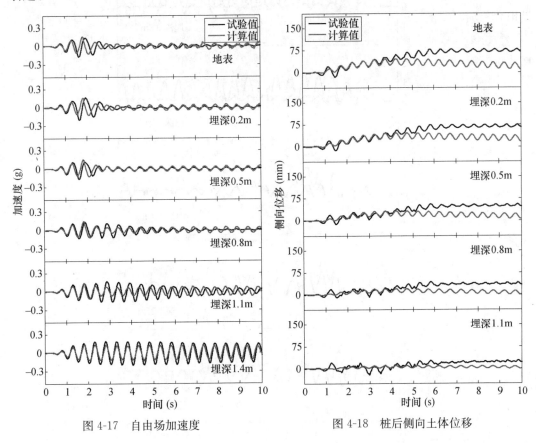

图 4-17　自由场加速度　　　　图 4-18　桩后侧向土体位移

图 4-20 为桩头侧向位移试验值和计算值对比图，试验值和计算值整体变化趋势相同。砂层液化前，两者比较吻合。砂层液化后，桩头位移计算值逐渐增加，大约 4s，桩头位移随振动逐渐减小。但桩头位移试验值达到最大值之后，几乎不随基底振动发生变化。

综上所述，数值模拟结果虽与振动台试验结果存在一定差异，但其近似地再现了振动台试验主要动力特性，造成两者差异的原因如下：①数值模型中，固定边界条件与实际边界存在一定差异。实际边界土体液化后，边界土体与土箱发生一定分离；而数值模拟中，土体与侧边界不能发生分离；②通过施加节点孔压荷载和节点力近似模拟自由水体，会忽略自由水体惯性力作用；③采用零长度单元模拟桩-土界面，只考虑砂土特性，忽略桩本身特性；④零长度单元很难准确模拟试验中桩底实际约束；⑤基于 10m 厚砂层标定的饱和砂土本构模型对模拟结果有一定影响，尤其是对于小尺寸模型。

2. 模型侧向变形

本节选择振动过程中两个特定时刻讨论模型侧向变形：①超孔压达到初始竖向有效应力，即初始液化时刻；②振动结束时刻。

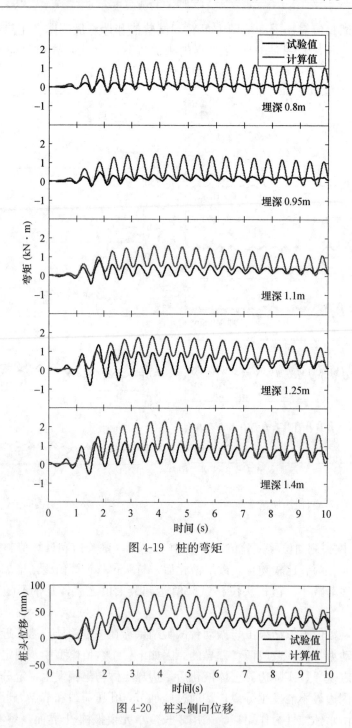

图 4-19 桩的弯矩

图 4-20 桩头侧向位移

　　图 4-21 和图 4-22 为初始液化时刻和振动结束后模型网格变形图（云图表示水平位移）。由图 4-21 可以看到陆侧砂层明显向岸壁流动，在近岸壁发生较大侧扩流位移，最大侧扩流位移达到 70mm。同时，岸壁和其周围土体出现不同竖向位移，即土体和岸壁发生相对滑动。受岸壁影响，海侧土体产生向右侧变形。另外，对比岸壁两侧土体网格变形，可以看出岸壁两侧土体竖向变形不同，这主要是由于岸壁侧向变形挤压海侧土体

而发生向上位移。从图 4-21（b）可以看出，受桩的影响，同一断面上桩周土体变形明显小于远离桩的区域，这说明桩对土体形成了一定的"销钉效应"。与液化初始时刻相比可以发现，振动结束后模型发生更大侧扩流位移，从而导致岸壁出现更大倾斜。靠近岸壁处最大水平侧向位移达到 130mm。此时，桩对土体"销钉效应"更加明显。

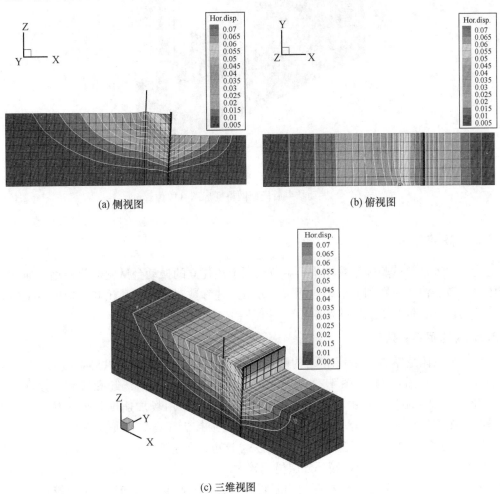

(a) 侧视图　　　　　　　　　　(b) 俯视图

(c) 三维视图

图 4-21　初始液化时刻模型网格变形图（单位：m）

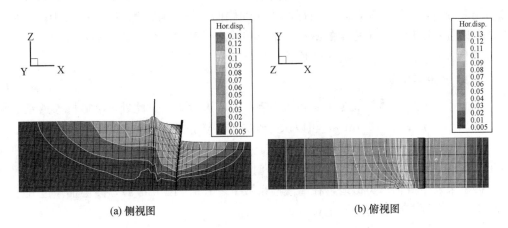

(a) 侧视图　　　　　　　　　　(b) 俯视图

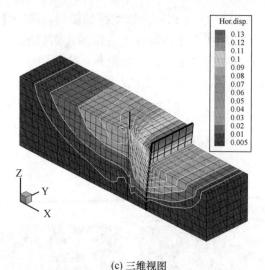

(c) 三维视图

图 4-22　振动结束后模型网格变形图（单位：m）

4.3.3　参数分析

为了深入理解试验和计算结果，本节根据上述建立的振动台试验数值模型，通过改变阻尼系数、渗透系数和上部结构配重，分析这些参数对自由场孔压和加速度、土体和桩头侧向位移及桩弯矩效应的影响。

4.3.3.1　阻尼系数效应

为了考察阻尼系数对砂层和结构响应的影响，改变 Rayleigh 阻尼系数 β，即 β 为 0.01%、0.05% 和 0.2%。图 4-23 和图 4-24 为不同阻尼下自由场超孔压和加速度。从图 4-23 可以看出阻尼对自由场孔压影响非常小，但对自由场加速度影响非常明显。土体液化后刚度接近于零，运动方程中与刚度相关项接近于零，阻尼力和惯性力接近相等。因而，其较大加速度可能与较大阻尼相关。这也说明土体液化后，上部砂层加速度较小即呈现较小阻尼。相应地，底部砂层呈现较大阻尼。通过对比记录的加速度（图 4-17）可以看出，液化后小阻尼（即小阻尼力）将导致较小加速度，这与试验值更接近。

图 4-25～图 4-27 为阻尼对侧向土体位移、桩弯矩和桩头位移效应。参考 2.2.4 节分时间段分析，在第二阶段，小阻尼产生大的侧向土体位移。第三阶段随着阻尼增加，土体侧向位移出现了一定程度的减小。由于桩响应受侧向土体位移影响，因此阻尼对桩头位移和桩弯矩的效应与侧向土体位移变化类似。

4.3.3.2　渗透系数效应

下面考察砂层渗透系数对土体和结构响应效应进行研究。此处选取砂层渗透系数从 1.0×10^{-5} m/s 到 1.0×10^{-2} m/s，可以认为砂层由不排水变化至排水。图 4-28 和图 4-29 为不同渗透系数下，砂层加速度和孔压响应。由图 4-28 可知，渗透系数越大，砂层超孔压生长越慢，渗透系数为 1.0×10^{-2} m/s 时，砂层超孔压未达到初始上覆竖向有效应力，砂层未发生液化。类似地，在高渗透系数下（1.0×10^{-2} m/s），砂层加速度几乎维持恒定，这主要与砂层超孔压生长有关。

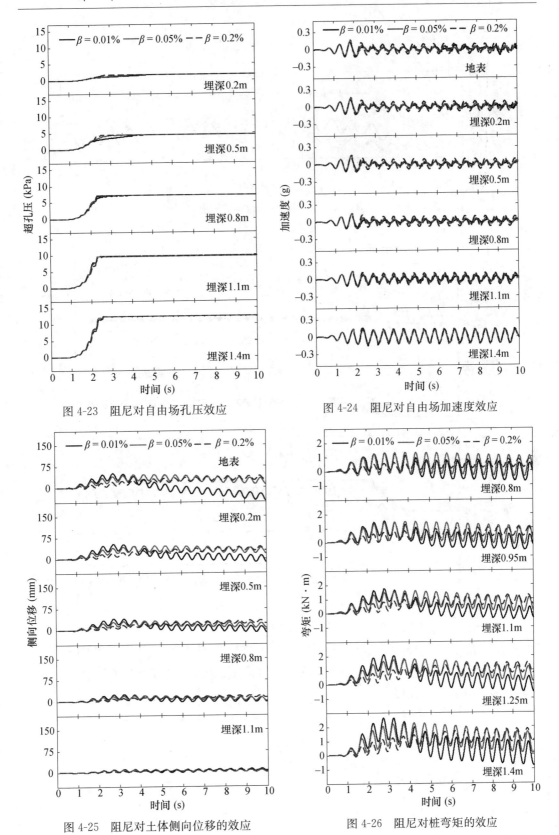

图 4-23　阻尼对自由场孔压效应

图 4-24　阻尼对自由场加速度效应

图 4-25　阻尼对土体侧向位移的效应

图 4-26　阻尼对桩弯矩的效应

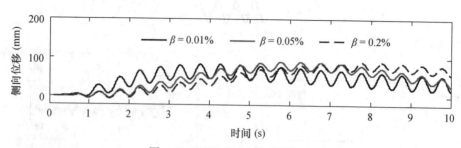

图 4-27 阻尼对桩头位移的效应

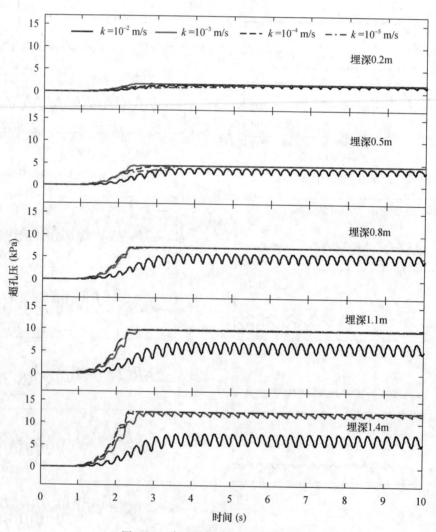

图 4-28 渗透系数对自由场孔压效应

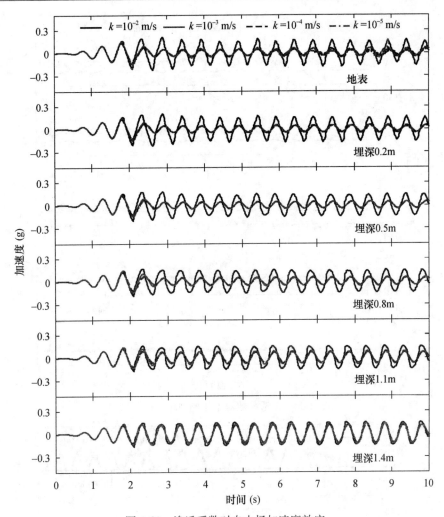

图 4-29　渗透系数对自由场加速度效应

　　同样，由图 4-30 可知当渗透系数较小时，砂层侧向位移较大，这将导致桩响应增大，桩弯矩和桩头位移如图 4-31 和图 4-32 所示。从图中可以看出，桩弯矩随渗透系数降低而呈现增加趋势。相反，较高渗透系数将会引起较小土体侧向位移，进而导致桩弯矩和桩头位移较小。

4.3.3.3　上部结构配重效应

　　下面对上部结构配重对土体和结构响应的效应进行研究。由于试验中桩头自由，因此此处研究上部结构配重对桩弯矩和桩头位移的效应。上部结构配重从 60kg 增至 240kg。图 4-33 和图 4-34 为上部结构配重对桩弯矩和桩头位移影响图，可以看出不同振动阶段，上部结构配重对弯矩和位移影响不同。前 4s 内随上部结构配重增加，桩头位移和桩弯矩明显降低。之后，随着上部结构配重增加，桩头位移出现一定的增加，桩弯矩也随之增加，特别是上部结构配重 120kg 和 240kg。

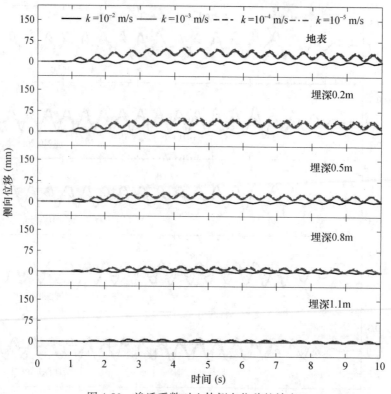

图 4-30　渗透系数对土体侧向位移的效应

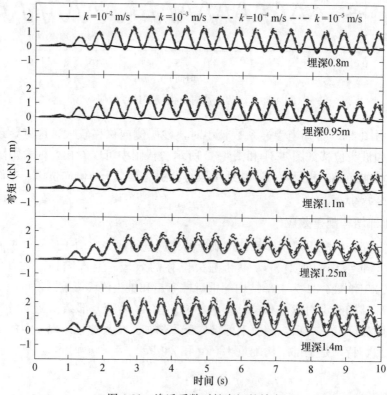

图 4-31　渗透系数对桩弯矩的效应

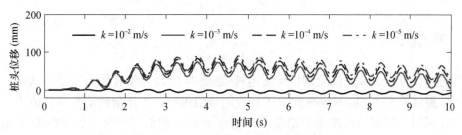

图 4-32　渗透系数对桩头位移的效应

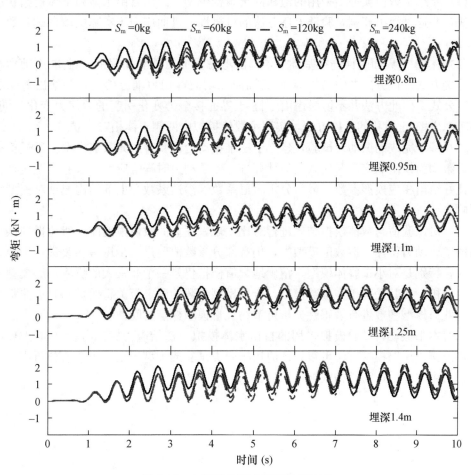

图 4-33　上部结构配重对桩弯矩效应

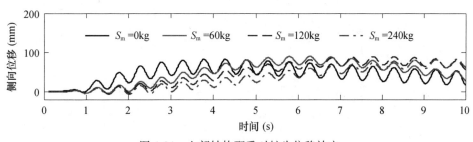

图 4-34　上部结构配重对桩头位移效应

4.4　本章小结

针对第 2 章所完成的液化侧扩流场地桩-地基-岸壁动力相互作用振动台试验，利用有限元数值计算平台 Open Sees 建立了相应的数值模型，并详细讨论相应数值模拟细节和方法。同时，根据结构体系和地基动力响应验证了数值模型可靠性并分析了误差来源，主要开展了如下工作：

（1）介绍了数值模型中采用的饱和砂土本构模型，给出自由水体和土体初始状态分析方法，并通过简单算例，验证上述方法的可靠性，进而应用于实际振动台试验数值模拟中。

（2）在桩-土界面刚性连接基础上，提出考虑界面滑移和屈服的三维桩-土动力相互作用连接方式。该方法考虑沿桩-土界面轴向和切向剪切力耦合效应，并给出剪切屈服力计算公式，但此方法并不能考虑由于桩-土界面接触力变化引起的剪切力变化。同时，给出考虑岸壁-土滑移的连接方法，实现了数值模拟中两侧土体相对独立。

（3）基于完成的振动台试验，建立了三维振动台试验有限元数值模型。通过检查输入动力激励前模型响应和对比试验与计算桩与砂层动力时程响应，对数值模型进行标定和验证并给出相应模型参数。最后分析阻尼系数、渗透系数和上部结构配重对模型响应的影响。

（4）对试验值与数值模拟结果进行对比发现，建立的数值模型能近似地再现振动台试验的主要动力特性。但数值模型中，仍有部分参数值要进一步思考和改进：①模型尺寸效应，特别是对小试验体模型，精确地数值模拟仍是一个非常大的挑战；②模型参数敏感性分析，尤其是对于多参数模型，合理模型参数的确定至关重要，同时也非常复杂的，因此对模型参数进行敏感性分析可节约大量模型标定时间。

（5）本书振动台试验模拟采用的自由水体模拟、初始应力状态分析、桩-土界面相互作用连接、岸壁模拟方法可很好地应用于同类试验或大型岩土工程数值分析中，特别是考虑自由水体的近海结构或港口结构。

第5章 液化侧扩流场地桩-土地震相互作用振动台试验数值分析

5.1 引言

第3章针对液化侧扩流场地桩-土地震相互作用开展振动台试验，得到了动力作用下液化侧扩流场地桩基反应的基本规律。与振动台试验相比，有限元数值分析可以很好地在线地震作用下桩土的强非线性响应、孔压增长与消散以及桩-土相互作用，能够克服振动台试验耗时长、费用高的缺点，并且可以基于试验验证过的数值模型开展参数分析研究，对影响桩-土相互作用的因素进行细致分析。因此，本章主要针对已完成的强震下近岸液化侧扩流场地桩-土动力相互作用振动台试验开展数值模拟。首先，针对数值模型建立过程中所涉及的计算平台、土体本构模型、自由水体的模拟、桩-土相互作用的模拟及挡墙的模拟等进行详细介绍，并采用算例对建模过程的正确性进行验证。其次，通过绘制初始应力场云图（孔压、位移和应力）验证模型初始应力分析的正确性。最后，通过对比振动台试验结果与数值计算结果，验证有限元模型的正确性与可靠性。

5.2 数值建模方法

5.2.1 有限元计算平台与前后处理

本书数值计算基于 Open Sees[169] 有限元计算平台完成，Open Sees 为 Open System for Earthquake Engineering Simulation 的缩写，即地震工程模拟开放系统。该系统由加州大学伯克利分校开发，是一种面向对象的、开源软件框架，其材料、单元及求解非线性方程组的数值库采用 C++语言编写，主要用于地震以及其他灾害作用下结构工程与岩土工程系统的响应模拟，可以进行顺序与并行有限元计算。Open Sees 有限元计算平台包含丰富的可用于非线性结构、岩土分析的材料、单元及分析手段，包含能够考虑水土两相介质的单元和精确刻画饱和砂土剪胀与剪缩现象的本构模型，对于研究饱和砂土液化、液化侧扩流以及液化侧扩流场地桩基响应问题优势明显。Open Sees 基于脚本语言创建输入文件，非常灵活，是一种开源框架，用户可以方便地定义材料和单元库，非"黑箱"操作，适用于科学研究，其运行界面如图 5-1 所示。

与 ABAQUS、ANASYS、FLAC 3D 和 DIANA 等通用大型有限元商业软件相比，Open Sees 不具有前后处理功能，针对复杂模型的建模问题，需要借助前后处理程序完成。GID 是一款通用性交互式图形处理程序，用于与数值模拟相关的所有信息（如几何形状、材料、边界条件等）的定义、准备和可视化，可以生成适用于不同数值方法（有限元、有限差分、无网格方法）的网格，并且能够与常见商业有限元软件以及 Open Sees 等研究性有限元计算匹配，其运行界面如图 5-2 所示。对于前处理，GID 与特定外部程序的交互通过一系列称为 problem type 的文件进行定制，通过这些文件可以定义所需的材料属性、节点自由度、边界条件以及 GID 所生成网格在输入文件中的格式和句法；对于后处理，GID 可显示位移、应力及应变等各类云图。对于 GID 的详细信息可参考[184]。本书利用 GID 软件进行辅助建模，生成模型所需的有限元网格，通过深度定制，生成 Open Sees 所需的输入文件，并通过 MATLAB 编程，对计算结果进行处理，生成 GID 所需的数据格式，进行有限元模型的后处理。

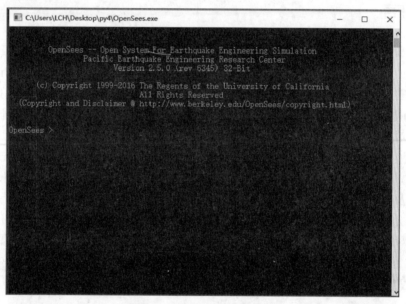

图 5-1　Open Sees 运行界面

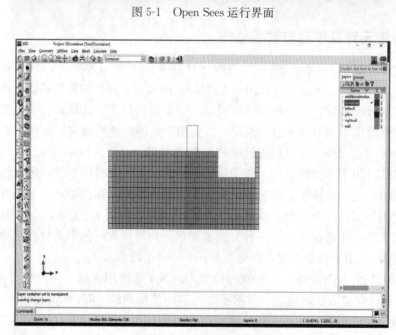

图 5-2　GID 运行界面

5.2.2　饱和砂土本构模型

饱和砂土在循环剪切荷载作用下具有如下典型力学特性：①动力作用下，随着循环剪切次数的增加，饱和砂土剪切刚度逐渐降低，剪应变逐渐积累；②循环剪切变形积累过程非常迅速，大部分剪切变形都发生在接近于常数的剪应力与有效应力下，并且此常数通常很小；③在发生大的剪应变积累后，剪切刚度与强度会部分恢复，并伴随着有效应力而增加（即饱和砂土的剪胀现象）。

数值计算中，本构模型的选取直接决定数值模型是否能够得到合理结果。一般材料通常在较大应力作用下会产生较大的塑性应变积累，而饱和砂土在循环剪切荷载作用下大部分塑性积累发生在较小的应力（约为 10kPa）下。能否在数值模型中很好地模拟这一特征，是本书选取本构模型的最主要依据与原则。本书选取 Open Sees 材料库中的 Pressure Depend Multi Yield Material（PDMY 模型，力相关多屈服面本构模型）作为模拟饱和砂土的本构模型，该模型由加州大学圣地亚哥分校 Zhaohui Yang[178] 提出，能够模拟上述 3 个主要特征，尤其是低应力下剪切变形迅速积累的现象。

5.2.2.1　屈服函数

遵循标准约定，假定材料弹性为线性、各向同性，非线性和各向异性由塑性引起的。屈服函数在主应力空间中为一圆锥面，公式如下：

$$f = \frac{3}{2}[S - (p' + p'_0)\alpha] : [S - (p' + p'_0)\alpha] - M^2(p' + p'_0) \tag{5-1}$$

式中　S——偏应力张量；

　　　　p'——平均有效应力；

　　　　p'_0——很小的常数（如 1kPa）；

　　　　α——偏应力平面中定义屈服面中心的二阶偏张量；

　　　　M——定义了屈服面的大小。

在多屈服面塑性的概念下，硬化空间由共用顶点（静水压力线上 $-p'_0$ 处）的一系列相似屈服面定义（图 5-3），最外侧屈服面定义为破坏面，破坏面 M_f 的大小为内摩擦角的函数，$M_f = 6\sin\varphi/(3 - \sin\varphi)$。

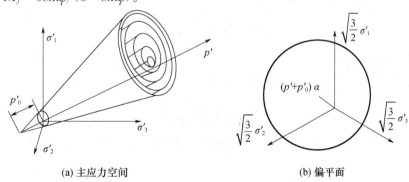

(a) 主应力空间　　　　　　　　　　　(b) 偏平面

图 5-3　主应力空间与偏平面中的圆锥屈服面

5.2.2.2　剪应力-应变响应

岩土工程中，非线性剪切特性主要采用剪应力-应变骨干线描述。给定参考固结压

力 p_r' 下，骨干线可近似为双曲线（图 5-4）。

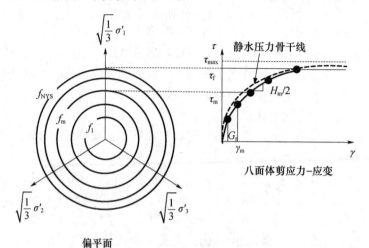

图 5-4　土的剪应力-应变响应双曲骨干线与分段线性表示

$$\tau=\frac{G_r\gamma}{1+\gamma/\gamma_r}\tag{5-2}$$

式中　τ 和 γ——八面体剪应力和剪应变；

　　　　G_r——参考固结压力 p_r' 下的低应变剪切模量；

　　　　γ_r——参考剪应变，$\gamma_r=\tau_{max}/G_r$，τ_{max} 为当 γ 趋近于无穷时的最大剪切强度。

在 Provest 多屈服面塑性的框架下，双曲线骨干线采用多段线近似代替。每一段直线代表一个屈服面，第 m 个屈服面 f_m 可采用弹塑性（割线）剪切模量 H_m 和屈服面大小 M_m 表示，$m=1$，2，3，…，NYS，NYS 为总的屈服面数量。第 m 个屈服面 f_m 的弹塑性剪切模量 H_m 可定义为：

$$H_m=\frac{2(\tau_{m+1}-\tau_m)}{\gamma_{m+1}-\gamma_m}\tag{5-3}$$

并且 $H_{NYS}=0$。屈服面大小 M_m 可表示为：

$$M_m=\frac{3\tau_m}{\sqrt{2}(p_r'+p_0')}\tag{5-4}$$

其中 $M_{NYS}=M_f$，$\tau_{NYS}=\tau_f$。

假定，低应变剪切模量 G 随围压 p' 改变：

$$G=G_r\left(\frac{p'+p_0'}{p_r'+p_0'}\right)^n\tag{5-5}$$

其中，$n=$ 材料参数（砂土=0.5）。土颗粒的体积模量 $B=2G(1+\upsilon)/(3-6\upsilon)$，$\upsilon$ 为泊松比。

5.2.2.3　硬化准则

基于 Mroz 与 Prevost 提出的本构模型，采用纯偏应力运动硬化准则，模拟饱和砂土在动力作用下应力-应变的滞回响应。为解决在初始面转换硬化准则计算效率低的问题，基于 Mroz 共轭点接触理论提出了新的屈服面转换准则。

5.2.2.4　流动法则

定义 Q 和 P 分别为屈服面和塑性势面的外法线张量，可以分解为偏与体部分，塑性流动的非关联性仅限于体部分。

Ishiara 等基于对液化的研究，建立了液化过程中相转换面的概念（Phase transformation surface，PT）。如图 5-5 所示，在不排水条件下，相转换面以内（或者以外）的剪切加载产生体积压缩（或者扩张）的趋势，造成孔压的增长（或者降低）和 p' 减小（或者增大）。应力状态与相转换面的相对位置可由应力比 $\eta \equiv \sqrt{3(s:s)/2}/(p'+p_0')$ 确定。指定 η_{PT} 为沿着相转换面的应力比，当应力状态位于相转换面以内时 $\eta < \eta_{PT}$，以外时 $\eta > \eta_{PT}$。

PDMY 模型中，基于 η 的大小与 $\dot{\eta}$（η 的时间变化率）的符号，通过指定 P'' 的近似表达式，即可模拟饱和砂土的剪胀与剪缩特性。如图 5-5 所示，可将一个加载循环划分为如下不同阶段：

（1）剪缩阶段（0～1、3～4 和 4～5）。在此阶段，流动法则可定义为：

$$P'' = \left(1 - \frac{\text{sign}(\dot{\eta})\eta}{\eta_{PT}}\right)(c_1 + c_2 \varepsilon_c) \tag{5-6}$$

式中　c_1 和 c_2——剪缩速率（或者孔压增长速率）的正常数，一般通过试验校正得到；
　　　　ε_c——非负标量，由下式控制：

$$\dot{\varepsilon}_c = \begin{cases} -\dot{\varepsilon}_v^p & (\varepsilon_c > 0 \text{ 或} -\dot{\varepsilon}_v^p > 0) \\ 0 & \text{（其他情况）} \end{cases} \tag{5-7}$$

式中　$\dot{\varepsilon}_v^p$——塑性体应变率。

（2）剪胀阶段（2～3 与 6～7）。循环剪切加载位于相转换面外时，饱和砂土呈现剪胀现象，由下式定义：

$$P'' = \left(1 - \frac{\eta}{\eta_{PT}}\right) d_1 (\gamma_d)^{d_2} \tag{5-8}$$

d_1 与 d_2 为正常数，由试验校正得到；γ_d 为在此剪胀阶段积累的八面体剪应变；γ_s 为剪胀状态开始时的八面体剪应变。

（3）破坏阶段（7～）。持续剪胀（6～7）会导致剪应力与有效应力的增加，最终达到临界状态（或称为破坏状态），此时剪应变持续增加，而附加体应变与有效应力不再改变。

（4）相转换阶段（1～2 与 5～6）。如图 5-5 所示（0～1 阶段），随着剪应力增加，应力状态最终达到相转换面（$\eta = \eta_{PT}$），此时，如果有效应力继续增大，即会发生剪胀（阶段 2～3）。然而，在有效应力很低时（如 10kPa 或者更低），剪应力与有效应力发生微小改变，在剪胀阶段到达之前就会发生明显的永久剪应变。这一现象导致模型中很难基于应力状态的改变去模拟剪应变的积累。因此，在应变空间内界定这一阶段，即在此阶段，维持 $P'' = 0$ 不变，偏应变持续积累，直到达到规定的边界。

5.2.2.5　砂土模型输入参数

PDMY 模型包括 14 个主要参数，分别为低应变剪切模量、内摩擦角与控制孔压增长速率、剪胀趋势和液化产生的循环剪应变大小的校正常数。该本构模型的开发者 Zhaohui Yang 等给出了该模型的参数取值范围推荐值，见表 5-1。

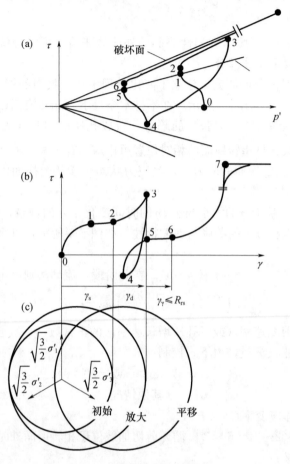

图 5-5 本构模型响应示意图

（a）八面体应力力 τ 与有效围压 p' 响应；（b）八面体剪应力 τ 与八面体剪应变 γ 响应；（c）屈服域构型

表 5-1 PDMY 模型参数推荐值

模型参数	松砂 （15%～35%）	中砂 （35%～65%）	中密砂 （65%～85%）	密砂 （85%～100%）
密度（kg/m³）	1.7	1.9	2.0	2.1
参考剪切模量（kPa）	55000	75000	10000	13000
参考体积模量（kPa）	150000	200000	300000	390000
内摩擦角（°）	29	33	37	40
峰值剪应变	0.1	0.1	0.1	0.1
参考围压（kPa）	80	80	80	80
围压系数	0.5	0.5	0.5	0.5
相位转换角（°）	29	27	27	27
剪缩系数 c_1	0.21	0.07	0.05	0.03
剪胀系数 d_1	0	0.4	0.6	0.8
剪胀系数 d_2	0	2.0	3	5
液化系数 l_1	10.0	10.0	10.0	10.0
液化系数 l_2	0.02	0.01	0.003	0
液化系数 l_3	1.0	1.0	1.0	1.0

由表 5-1 可以看出，PDMY 模型输入参数可以分为两类，第一类是可测量参数，如密度、内摩擦角等；第二类是不可测量参数，这类参数主要用于控制液化速率、应变积累等，主要通过标定得到。本书所模拟振动台试验中饱和砂土的参数选取规则如下：

（1）砂土密度。在振动台试验模型中直接取样，测量其密度。

（2）参考剪切模量 G_r。在低剪切应变下存在公式 $G=G_r(p/p_{ref})^d$，其中 G 为低应变剪切模量，p 与 p_{ref} 分别为有效围压与参考平均有效围压，d 为应力相关系数（通常取 0.5）。取 p_{ref} 为 80kPa，G_{max} 可根据剪切波速 v_s 由公式 $G_{max}=\rho \cdot v_s^2$ 计算得到。

（3）内摩擦角。砂土的内摩擦角可通过直剪试验、三轴试验等室内常规土工试验得到。

（4）应力-应变骨干线的确定。该骨干线可由 G/G_{max} 与应变之间的关系曲线确定，G/G_{max} 与应变之间的关系曲线可由共振柱试验或者动三轴试验得到；该骨干线也可采用下述公式计算得到：

$$\tau=\frac{G\gamma}{1+\dfrac{\gamma}{\gamma_r}\left(\dfrac{p'_r}{p'}\right)^d} \tag{5-9}$$

式中 γ_r 满足公式 $\tau_f=\frac{2\sqrt{2}\sin\varphi}{3-\sin\varphi}p'_r=\frac{G_r\gamma_{max}}{1+\gamma_{max}/\gamma_r}$。本书采用第二种方法确定应力-应变骨干线。

（5）不可测量参数。其主要包括剪缩参数 c_1、剪胀参数 d_1 与 d_2 以及液化参数 l_1、l_2 和 l_3。c_1 为非负常数，用于定义剪切引起的体积减小（剪缩）速率或者孔压增长速率，较大值对应较快的剪缩速率。d_1 与 d_2 为非负常数，用于定义剪切引起的体积增大（剪胀），较大值对应较强的剪胀速率。l_1、l_2 和 l_3 为控制理想塑性应变积累（循环流动）机理的参数。l_1 用于定义有效应力的大小（如 10kPa），当小于该值时会发生理想塑性应变积累，密砂选取较小值，当 $l_1=0$ 时不发生液化；l_2 用于定义在每一个加载循环零有效应力下理想塑性应变的最大值，密砂选取较小值；l_3 用于定义在每一个加载循环偏理想塑性应 γ_b 变最大值，$\gamma_b=l_2\times l_3$，通常 l_3 在 0～3.0 取值，密砂应取较小值。上述参数可由动三轴试验、离心机试验以及振动台试验等校核得到。本书选取文献 [185] 振动台试验校核得到的参数，该试验土体特性与本书所模拟试验中砂土特性完全一致。本章有限元模型中所选取的土体参数见表 5-2。

表 5-2　数值模型计算参数

参数	数值
密度（kg/m³）	1900
参考剪切模量（kPa）	55000
参考体积模量（kPa）	150000
动力分析时参考体积模量（kPa）	15000
摩擦角（°）	29
峰值剪应变	0.1
参考围压（kPa）	80
围压系数	0.5

参数	数值
相位转换角（°）	29
剪缩系数 c_1	0.55
剪胀系数 d_1	0.0
剪胀系数 d_2	0.0
液化系数 l_1	10.0
液化系数 l_2	0.02
液化系数 l_3	1.0

5.2.3 饱和砂土单元

饱和砂土属于典型的两相介质，在动力作用下土颗粒与水之间存在强烈动力耦合作用。Biot 提出了有效应力与水-土耦合作用的概念，并利用数学公式对饱和多孔介质的动力特性进行表述。Biot 理论公式的数值离散主要包括 $u-p$ 形式、$u-U$ 形式和 $u-p$ $-U$ 形式三种，u 代表土颗粒位移、p 为孔压、U 为水的位移。基于计算精度与计算时间的考虑，本书选取 $u-p$ 形式建立饱和砂土的有限元数值模型。如下式所示，$u-p$ 形式的控制方程包括水-土混合物运动方程与流量守恒方程。

$$M\ddot{u} + C\dot{u} + \int_{\Omega} B^T \sigma' d\Omega - Qp = f^u \tag{5-10}$$

$$Q^T \dot{u} - S\dot{p} - H\dot{p} = f^p \tag{5-11}$$

式中　u——土颗粒位移向量；

P——孔压向量；

M——质量矩阵；

B——增量形式的应变-位移矩阵；

σ'——土体有效应力向量；

Q——水-土耦合离散梯度算子；

S——压缩矩阵；

H——渗透系数矩阵。

本书选取 Open Sees 有限元计算平台中的四节点等参单元（Quad UP）模拟饱和土体，该单元采用 $u-p$ 形式的 Biot 多孔介质理论开发。如图 5-6 所示，每个节点包含 3 个自由度，第 1 和第 2 自由度分别为土颗粒水平向与竖向位移，第 3 自由度表示孔隙水压力。

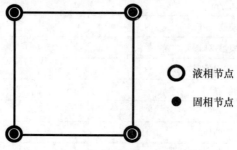

○ 液相节点

● 固相节点

图 5-6　水-土耦合四面体 Quad UP 单元

5.2.4　模型算例

5.2.4.1　模型介绍与结果

基于 Open Sees 有限元计算平台，建立如图 5-7 所示的有限元模型，模型中仅包含 1 个单元，单元尺寸为 1m×1m，单元类型为四边形 $u-p$ 单元（Quad UP），底边界为固定边界，侧边界为剪切梁边界，顶边界为透水边界，基底激励以加速度形式输入，为幅值 0.2g 周期 1s 的正弦波，模型中密度取 2.0t/m³，其他输入参数采用中砂推荐值（表 5-1 中砂）。通过该算例，验证 PDMY 本构模型模拟饱和砂土的有效性。

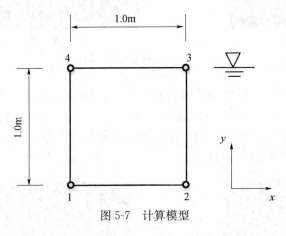

图 5-7　计算模型

经计算，得到了该模型在自重应力与动荷载作用下的反应。图 5-8 为自重重力分析步和动力分析步下土体的孔隙水压云图。由图 5-8 可以看出，在重力分析步中，土体底部孔压为 9.81kPa，与静孔压理论计算值一致；动力作用下，产生超孔隙水压力，最大孔隙水压力（包含静孔压与超孔压两部分）为 19.4kPa，土体发生明显液化现象。

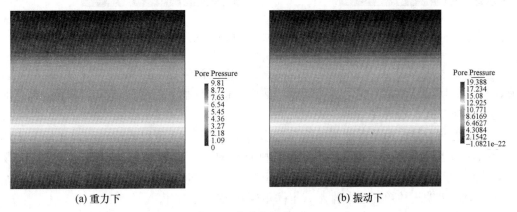

(a) 重力下　　　　　　　　　　　(b) 振动下

图 5-8　孔隙水压力（kPa）

图 5-9 为自重重力分析步和动力分析步下土体的有效应力云图。由图 5-9 可知，在重力分析步中，土体单元平均有效竖向应力为 4.905kPa，与理论值相同（$\gamma h = 1 \times 9.81 \times$

0.5）；在地震结束时刻，土体单元中平均竖向有效应力接近零，说明在动力分析步中土体发生明显液化现象。

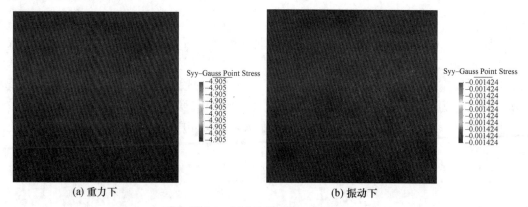

(a) 重力下　　　　　　　　　　　　　(b) 振动下

图 5-9　竖向有效应力（kPa）

图 5-10 为自重重力分析步和动力分析步下土体的竖向位移云图。由图 5-10 可知，在重力分析步中，土体单元最大沉降量为 1.635×10^{-5} m，与理论值相同（具体计算过程见 5.2.4.2 节）；在地震结束时刻，土体单元中竖向位移为 1.635×10^{-5} m，说明在动力分析步中土体竖向位移进一步增大。

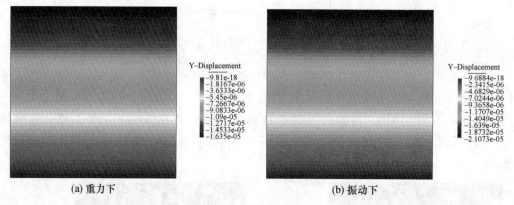

(a) 重力下　　　　　　　　　　　　　(b) 振动下

图 5-10　竖向位移（m）

图 5-11 为振动作用下土体单元的剪应力-剪应变滞回曲线。从图 5-11 中可以看出，在前 5 次剪切循环中，剪应力迅速降低，剪应变迅速增加，而后剪切循环中土体单元剪应力与剪应变几乎不再变化。

偏应力与有效应力关系曲线如图 5-12 所示，由图 5-12 可以看出，动力作用下土体的有效应力迅速降低，土体发生液化并伴随剪胀现象，接着饱和砂土部分有效应力恢复，土体表现出剪缩特性；振动结束后，土体优先应力逐渐增大，并最终几乎达到初始有效应力，表明土体单元逐渐排水，土体重新获得有效应力。

孔隙水压力时程曲线如图 5-13 所示，需要指出的是，此孔隙水压力为总孔压，包含静孔压与超孔压两部分，初值为静孔压。可以看出，振动开始后孔压逐渐增加，5s 左右（即为 5 个剪切循环）土体单元发生完全液化，振动结束后（10s）超孔压逐渐消散。

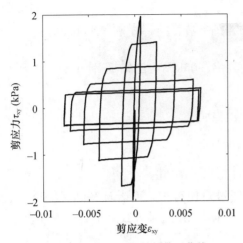

图 5-11　剪应力-剪应变滞回曲线

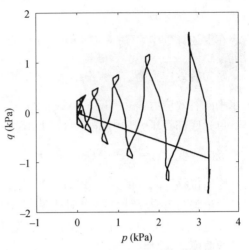

图 5-12　偏应力-有效应力关系曲线

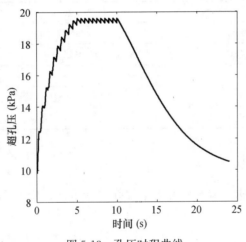

图 5-13　孔压时程曲线

5.2.4.2　土体自重应力分析验证

为了保证数值模拟结果的正确性，需在建模过程中保证每一步的正确性。地震前实际场地中存在初始有效应力场与孔压场，其值都为非零，在数值计算中为获取模型的初始应力场与孔压场，需进行自重应力分析。Open Sees 中自重应力分析分为两步，即弹性分析与塑性分析。由于弹性分析的结果可以根据弹性力学理论进行分析，手算得到其理论解，因此，本节采用弹性理论计算上述算例在自重作用下的竖向有效应力、水平向有效应力、孔隙水压力、竖向应变与竖向位移，并与有限元计算结果进行对比，验证建模过程的正确性。

本章所采用的多屈服面（PDMY）本构模型中输入的弹性参数为剪切模量 G 和体积模量 K，为方便计算，转换为弹性模量 E 与泊松比 ν，由弹性力学可知：

$$K = \frac{E}{3(1-2\nu)} \tag{5-12}$$

$$G=\frac{E}{2(1+\nu)} \tag{5-13}$$

在上述算例中，$G=75000\text{kPa}$，$K=200000\text{kPa}$，故，$\nu=\frac{1}{3}$，$E=200000\text{kPa}$。

竖向有效应力为：$\sigma_y=\rho'gh=1\times9.8\times0.5=4.905\text{kPa}$，已知 $K_0=\frac{\nu}{1-\nu}=0.5$，得出水平向有效应力：$\sigma_x=K_0\sigma_y=2.4525\text{kPa}$。

单元底部孔压：$P=\rho_w gh=1\times9.8\times1=9.81\text{kPa}$。

竖向应变：$\varepsilon_y=\frac{\sigma_y}{E}-\frac{\nu}{E}(\sigma_z+\sigma_x)=1.635\times10^{-5}$

竖向位移：$d_y=h\times\varepsilon_y=1\times1.635\times10^{-5}=1.635\times10^{-5}\text{m}$

理论解与有限元计算结果对比见表 5-3，通过对比可知，两者计算结果完全一致，说明在进行自重应力分析时建模方法准确可靠，可以采用此种方式对第 2 章振动台试验展开数值模拟。

表 5-3　自重作用下理论解与有限元结果对比

参数	理论解	有限元结果
竖向有效应力（kPa）	4.905	4.905
水平向有效应力（kPa）	2.4525	2.4525
孔压（kPa）	9.81	9.81
竖向应变	1.635×10^{-5}	1.635×10^{-5}
竖向位移（m）	1.635×10^{-5}	1.635×10^{-5}

5.2.5　自由水体模拟

第 2 章振动台试验中挡墙右侧部分水位线位于地面以上 0.5m（图 2-2），有限元计算中需要考虑该部分自由水头的作用。然而，现阶段除专门研究流体的有限元平台外，极少软件包含自由水体单元，导致很多学者采用有限元手段研究地震作用下液化场地桩-土相互作用时忽略自由水体的影响。

通常采用如下几种方法考虑自由水体的影响：①直接将静水压等效为静荷载施加到土体单元节点上；②采用非常软的介质模拟自由水体；③通过直接施加节点静水压力和相应节点力。比较上述三种方法，方法①最为简单，计算过程中易于收敛，但土体中的静水压力与实际不符；方法②可以实现水-土相互作用的 3 个主要特征：p 波在水中传播；土体和水之间剪切相互作用；模拟土-水界面自由排水。但是不能模拟自由水体透过土-水界面进入土层现象，并且在数值计算过程中很难收敛；方法③能够得到准确的静水压力，模拟效果优于方法①，不能考虑水体的动力效应，也不能考虑水-土相互作用，但易于收敛。

基于收敛性与模拟精度的综合考虑，本书采用方法③模拟自由水体，即在相应节点施加垂直于地表的静水压力，为得到土体准确的有效应力，将水体质量等效为节点荷载，施加在地表节点。

为了验证此种方法能否得到准确的孔压与有效应力，建立了与 5.2.2.4 节类似的模型。土体的宽度与高度分别为 1m 和 5m，水位线位于地表以上 1m［图 5-14（a）］，模型输入参数、边界条件等与 3.2.2.4 节算例完全相同。图 5-14（b）与图 5-14（c）分别为土体在自重作用下孔压云图与竖向有效应力云图，由图 5-14 可以看出，地表处土体孔压不为零而有效应力为零，并且孔压大小与距离水位线的远近呈线性关系，有效应力随着土体的埋深逐渐增大。说明此种方法能够得到准确的土体有效应力与孔压，即能够准确模拟自由水体对土体孔压与有效应力的影响。

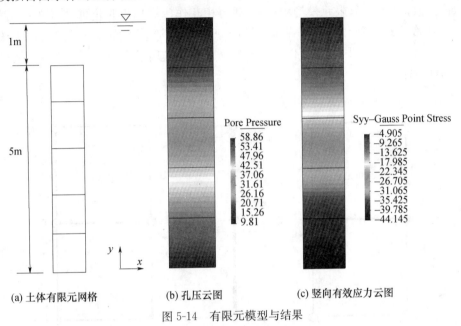

(a) 土体有限元网格　　(b) 孔压云图　　(c) 竖向有效应力云图

图 5-14　有限元模型与结果

5.2.6　桩基的模拟

振动台试验中桩基特性详见第 2 章，桩基为 2×2 群桩，顶部用承台连接，承台位于地面以上 0.45m。在有限元模型中，将该群桩模拟为 1×2 群桩，需要指出的是，其强度与刚度为试验值的两倍。群桩与承台均采用 Open Sees 中的弹性梁柱单元（Elastic Beam Column）模拟，试验中承台刚度远大于桩基刚度，因此，在数值模型中将承台刚度设置为桩基刚度的 10000 倍，其中弹性模量由抗拉强度试验得到，约为 $1.88 \times 10^8 \mathrm{kPa}$，惯性矩和面积根据桩径与壁厚计算得到，分别为 $2 \times 1.57 \times 10^{-7} \mathrm{m}^4$ 和 $8.26 \times 10^{-5} \mathrm{m}^2$。

5.2.7　桩-土界面模拟

桩-土界面的模拟是液化与液化侧扩流场地中桩基动力反应有限元计算中面临的最主要问题之一。总结相关文献发现，现阶段通常采用直接绑定桩土节点的方法考虑桩土界面特性，该方法建模简单，被广泛采用，但不能考虑桩土之间的相对位移与滑动现象。此外，基于固体接触理论开发的各类接触单元也被广泛用于桩-土界面的模拟，但此类接触界面大多不适用于土体液化情况下桩土-相互作用的模拟，并且不能考虑场地液化后桩-土界面的弱化效应。为了考虑场地液化情况下桩-土相互作用，Boulanger

等[171]基于 Open Sees 计算平台开发了 $p-y$、$t-z$ 和 $Q-z$ 材料，分别用于考虑桩-土之间水平方向、竖直方向以及桩底与土体接触特性，能够很好地再现地震过程中桩土之间的相对大位移和相对滑动现象，并且这三种单轴材料的有效应力能够随周围土体单元有效应力进行更新，可以准确描述土体液化情况下的桩土界面弱化特性。鉴于振动台试验中桩基直接固定于箱底，不存在桩底与土体之间的端阻力问题，因此有限元模型中忽略桩底与土体的相互作用，仅考虑桩-土侧向相对位移与桩-土竖向的相对滑动。

如图 5-15 所示，有限元模型中桩-土动力相互作用采用零长度非线性土弹簧模拟，即 $p-y$ 弹簧（侧阻力）与 $t-z$ 弹簧（桩身摩擦）。土弹簧的刚度能够随指定土体单元的有效应力发生改变，因此，可以用于模拟循环荷载作用下饱和砂土液化造成的桩土界面刚度退化现象。

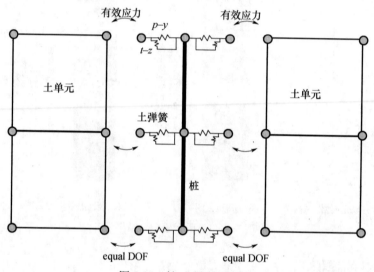

图 5-15　桩-土界面示意图

5.2.7.1　$p-y$ 弹簧

桩的侧向承载力主要由桩径、土的性质和土体有效应力决定。动力作用下液化侧扩流场地水平向桩-土相互作用采用零长度的 $p-y$ 弹簧模拟，本书所采用的 $p-y$ 弹簧由 Boulanger 等[171]嵌入 Open Sees 有限元平台中，能很好地模拟动力作用下桩土相对位移现象。该非线性弹簧主要由弹性 $p-y^e$、塑性 $p-y^p$ 和裂缝 $p-y^g$ 三部分串联组成，其中辐射阻尼以阻尼器的形式与弹性 $p-y^e$ 并联。裂缝 $p-y^g$ 主要由并联的非线性闭合弹簧（p^c-y^g）和非线性拖拽弹簧（p^d-y^g）组成。其中 $y=y^e+y^p+y^g$，$p=p^c+p^d$。塑性弹簧刚度特性初始范围为 $2C_r \cdot p_{ult} < p < C_r \cdot p_{ult}$，其中，当初始加载达到首次塑性屈服时 $C_r=p/p_{ult}$，p 的刚度范围（$2C_r \cdot p_{ult}$）为常数，在塑性屈服（即运动硬化）时发生平移。当超过这一刚性范围时，塑性弹簧的加载采用下式描述：

$$p = p_{ult} - (p_{ult} - p_0)\left[\frac{c \cdot y_{50}}{c \cdot y_{50} + (y_p - y_{p_0})} \right]^n \tag{5-14}$$

式中　p_{ult}——当前加载方向 $p-y$ 单元的极限土反力；当前塑性加载循环开始时 $p_0 = p$，$y_0^g = y^p$；

c——塑性屈服开始阶段控制割线模量的常数；

n——控制 $p-y^p$ 曲线形状的指数。

非线性闭合弹簧采用下式描述：

$$p^c = 1.8 \cdot p_{ult} \left[\frac{y_{50}}{y_{50} + 50(y_0^+ - y^g)} - \frac{y_{50}}{y_{50} + 50(y_0^- - y^g)} \right]^n \tag{5-15}$$

式中　y_0^+——裂缝正向的记忆项，初始值设置为 $y_{50}/100$；

y_0^-——裂缝负向的记忆项，初始值设置为 $-y_{50}/100$。

随着裂缝的张开与闭合，该闭合弹簧能够使桩土力与位移特性平稳转换，避免数值计算过程中的不收敛。

非线性拖拽弹簧采用下式描述：

$$p^d = C_d p_{ult} - (C_d p_{ult} - p_0^d) \left[\frac{y_{50}}{y_{50} + 2(y^g - y_0^g)} \right] \tag{5-16}$$

式中　C_d——最大拖拽力与 $p-y$ 单元极限阻力的比值。在当前加载循环开始阶段 $p_0^d = p^d$、$y_0^d = y^d$。

对于砂土，美国石油协会（API）推荐取 $c=0.5$，$n=2$，$C_r=0.2$，且其骨干线采用下式定义：

$$p = A \cdot p_{ult} \cdot \tanh\left(\frac{kx}{A p_u} y \right) \tag{5-17}$$

式中　A——考虑循环或静力加载的因子，对于静力加载 $A = 3 - 0.8 \dfrac{x}{b} \geqslant 0.9$，对于循环加载 $A=0.9$；

k——地基反力系数；

x——$p-y$ 曲线的深度。

根据文献［171］可知，在埋深达到数倍桩径之后，API[174] 推荐的计算地基反力系数 k 偏大。这主要是由于 API 中的 k 值根据侧向荷载试验得到，试验中桩土响应主要由较浅深度（几倍桩径）的土体控制。由于砂土的弹性模量近似随有效应力的平方根增加，因此，在埋深较深处得到的刚度偏大。对于桩顶处侧向荷载的影响不大，但对于深度较深处土体的位移影响很大。因此，本书对上述地基反力模量进行修正，修正后的地基反力模量为：

$$k^* = c_\sigma \cdot k$$
$$c_\sigma = \sqrt{\frac{\sigma_{ref}'}{\sigma_v'}} \tag{5-18}$$

式中　c_σ——覆盖层效应修正系数；

σ_{ref}'——参考应力，推荐取 50kPa；

k^*——修正后的地基反力模量。

5.2.7.2　$t-z$ 弹簧

桩身摩擦采用非线性零长度 $t-z$ 单元模拟，砂土中 $t-z$ 单元摩擦强度采用下式计算：

$$t_u = K_0 \cdot \sigma_v' \cdot p \cdot \tan\delta \tag{5-19}$$

式中　　t_u——$t-z$ 单元的极限阻力，kN/m；

K_0——土压力系数，LPile 中设置为 0.4；

$\sigma_v{}'$——竖向有效应力，kPa；

p——桩的周长，m；

δ——桩土之间的内摩擦角，°。

$t-z$ 弹簧刚度根据如下规则确定：桩土相对位移为 0.5% 桩径时达到极限承载力，即 $z_{ult}=0.005 \cdot D_{pile}$，Mosher 等给出了砂土中 $t-z$ 弹簧的形状为双曲线型，因此可知 $z_{50}=0.125 \cdot z_{ult}$。美国学者 Boulanger[10] 建议桩土之间的内摩擦角的取内摩擦角的 0.8，为 23.2°。

5.2.8　挡墙的模拟

振动台试验中挡墙主要起两个作用：第一，在静力作用下维持墙后土体稳定；第二，在动力作用下发生倾覆，引发墙后土体侧向流动。因此，在数值模型中要保证挡墙具有足够的刚度，以保证墙后土体在静力作用下保持稳定，在地震作用下绕基底自由转动，并允许挡墙与土体之间发生较大的滑移。由于挡墙并不是本书研究的重点，因此在有限元模拟中仅需保证挡墙具有足够刚度、挡墙顶部水平位移与振动台试验实测值接近、挡墙能够绕墙底自由转动以及挡墙与土体能够发生相对滑移即可满足模拟精度要求。基于上述分析，在有限元模型中，挡墙采用弹性梁柱单元模拟，输入参数与振动台试验完全相同。挡墙与基底采用铰接方式连接，并假定挡墙与土体之间没有摩擦，即挡墙与土体之间可以传递水平荷载，而不存在竖向荷载。挡墙与土体之间的连接方式见图 5-16。需要指出的是，在重力分析阶段将挡墙底部固定，以减小挡墙的侧向变形，在动力分析阶段释放转动自由度，以保证在动力分析阶段能够发生倾覆。

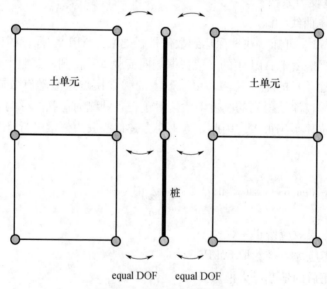

图 5-16　挡墙与土体的连接

5.2.9　土箱与边界条件

如第 2 章与第 3 章所述，振动台试验中采用层叠剪切箱以减小振动过程中地震波的反射，该土箱包含 15 层刚性长方形铁环，铁环之间采用钢珠连接，以确保振动过程中土箱与土体一起变形。在二维有限元模型中，该层叠剪切箱采用弹性各向同性材料（Elastic Isotropic）模拟，其弹性模量与密度同箱体的实际值相同，即弹性模量为 $2.1 \times 10^8 \text{kPa}$，密度为 2400kg/m^3，泊松比为 0.3，其材料参数如表 5-2 所示。有限元模型中，土箱底部固定，为模拟试验过程中土箱与土体一同变形，将土箱单元与土体单元的 x（纵向）自由度绑定，使其完全接触，土箱与土体 y（竖向）自由度无任何约束，以模拟试验中土体与土箱的滑动现象。

模型边界条件如下：①底边界为固定边界，即同时固定土体底部节点的水平向与竖直向自由度；②对于土体侧边界，采用 Open Sees 命令库中 equal DOF 命令将土体侧边界节点位移自由度与箱体节点自由度绑定；③挡墙后方土体顶边界为透水边界，即约束孔压自由度（Open Sees 中将孔压自由度的约束设置为 1）。④为了考虑挡墙前方自由水体，采用 Open Sees 中的 Timeseries command 命令在地表处土体节点直接施加静孔压与等效节点荷载（5.2.4 节）；⑤土体侧边界与底边界为不透水边界，即释放土体的孔压自由度。

5.2.10　计算域剖分方案

有限元模型中网格尺寸会影响计算精度与计算时间。由波动理论[180]可知，为了准确模拟地震波在模型中的传播特性，数值模型中单元尺寸应小于输入波最高频率所对应波长的 1/8 或者 1/10，且为了保证剪切波能通过模型单元，在最短波长范围内至少划分 4 个单元，即模型最大可能的网格高度 h_{elt} 按公式（5-20）计算：

$$h_{\text{elt}} \leq \frac{\lambda}{4} = \frac{T_{\min} v_{\min}}{4} \tag{5-20}$$

式中　λ——剪切波长；

$T_{\min}$——周期；

$v_{\min}$——剪切波速。

对于一般岩土工程地震问题，频率一般小于 10Hz，对于本章有限元模型，最大网格尺寸小于 0.24m 即可。经多次试算，确定网格单元高度取 0.1m。

5.2.11　系统阻尼与求解方案

向桩传递的能量由塑性耗散与辐射以复杂的形式向周围土体耗散。在有限元模型中，采用土弹簧（即 $p-y$ 弹簧和 $t-z$ 弹簧）中与弹性组件并联的阻尼器模拟非线性单元的辐射阻尼，其中，采用阻尼系数模拟由桩向土体传播的应力波的能量消散，该系数近似等于桩侧向或竖向振动的弹性理论解[154]。$p-y$ 弹簧阻尼系数的取值采用文献[171]的建议值，即 $c = 0.5$。

采用 Open Sees 中的 reverse Cuthill-McKee（RCM）算法对节点自由度进行编号，采用 Transformation 约束施加定义的边界条件，收敛条件采用残余位移增量（Norm Displacement Increment Test）进行判定，当位移向量的范数小于指定容许值（自重应力分析阶段为 10^{-6}，动力分析阶段为 10^{-4}）时认为得到收敛解。一般来说，在较小地震动下，通过几步试算即可得到收敛解，当前步长不能收敛时，采用自适应增量算法对步长减半进行试算，需要指出的是，在进行下一步计算时，计算步长恢复初始值。采用 Modified Newton 算法建立和求解对称正定方程组。采用 Newmark 积分进行瞬态分析，其中Ⓒ＝0.6，Ⓡ＝0.3025。数值模型中，采用 Rayleigh 阻尼考虑系统的阻尼，其中，刚度比例阻尼 a_k 为 0.006，质量比例阻尼 a_m 为 0。数值模型实际的阻尼水平主要由非线性材料中的迟滞阻尼决定，此 Rayleigh 阻尼用于加快振动幅值较小情况下的收敛。

5.2.12 动力输入方式与加载方案

采用一致激励（加速度形式，Open Sees 中的 Uniform Excitation 命令）在土体、剪切箱以及群桩单元施加动力荷载，输入地震动与振动台试验输入地震动完全相同，为幅值 0.18g 的正弦波。

5.2.13 数值分析计算步序

步序 1：生成土、挡墙及箱体有限元网格，并定义材料属性与边界条件。为了便于重力分析中土体固结，土体渗透系数设置为很大值，即 1m/s。将材料属性设置为弹性，进行自重应力分析，施加土体自重与自由水体的静孔压，并得到土体初始应力场与孔压场。在此阶段挡墙墙底设置为固接，以减小挡墙在土压力作用下产生的水平位移。

步序 2：定义桩、承台以及土弹簧（$p-y$ 与 $t-z$）单元，并将土弹簧与土体和桩连接。土弹簧设置为弹性，进行自重应力分析，得到施加桩体自重后模型的初始应力场。

步序 3：将土体渗透系数更新为真实值，土体以及连接桩土的 $p-y$ 和 $t-z$ 弹簧材料设置为塑性阶段，释放挡墙底部的旋转自由度，采用一致激励在土体、剪切箱以及群桩单元施加动力荷载。

5.3 高承台群桩数值模拟方法可靠性验证

5.3.1 高承台群桩数值模型

根据第 3 章已完成的液化侧扩流场地 2×2 高承台群桩振动台试验，建立有限元数值模型，有限元模型中群桩、承台以及挡墙均采用弹性梁柱单元（Elastic Beam Column）模拟，桩与周围土体采用土弹簧（$p-y$ 与 $t-z$ 弹簧）连接，土体采用水-土耦合四边形单元（Quad UP）模拟，挡墙前方自由水体采用直接施加孔压荷载与节点力的方式近似模拟，层叠剪切箱箱体采用四边形单元（Quad）模拟。

模型有限元网格见图 5-17，其中空白部分对应振动台试验中的自由水体，本模型中采用施加孔压与节点荷载的方式近似模拟。有限元模型中共包含 30 个用于模拟箱体的四边形单元、640 个用于模拟土体的水-土耦合四边形单元、15 个用于模拟挡墙的弹性梁柱单元、41 个用于模拟群桩与承台的弹性梁柱单元、15 个用于连接桩与土体的零长度单元（Zero Length）。

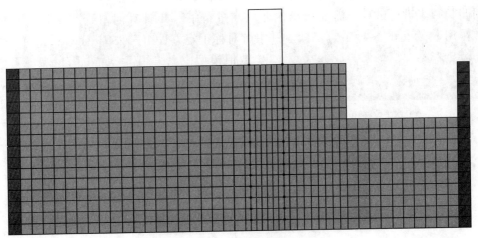

图 5-17　模型有限元网格

5.3.2　数值模拟方法可靠性验证

上述章节给出了液化侧扩流场地桩-土动力相互作用振动台试验数值建模的具体技术细节，下面针对该有限元模型开展验证工作。验证工作主要包括两部分，首先针对自重应力分析结果进行分析，主要通过分析重力施加后场地的位移与孔压云图，确保地震动输入之前结果的正确性，然后通过对比动力作用下土体孔压与加速度反应、挡墙位移反应、群桩弯矩与位移反应，验证模型的正确性与建模方法的可靠性。

5.3.2.1　土体自重应力分析结果

Open Sees 中采用 PDMY 模型进行自重应力分析时分为两步，即弹性和塑性。在进行弹性自重应力分析时，土体保持弹性，仅发生弹性变形；进行塑性自重应力分析时，土体可发生塑性变形。进行塑性自重应力分析的主要目有两个：①确保土体进入塑性，在后续动力分析时土体能够发生塑性变形；②得到准确的应力状态。例如，对于坡度较大的边坡，在进行弹性自重应力分析之后，土体的应力状态可能已超过土体的屈服应力，通过塑性自重应力分析，确保土体应力状态在初始屈服面以内。但对于较为简单的模型，进行弹性与塑性自重应力分析后两者结果并无明显差别。

图 5-18 为弹性自重应力分析后模型的水平位移、竖向位移与孔压云图，图中空白部分对应振动台试验中的自由水体。由图 5-18（a）可知，施加重力后土体向挡墙前方发生水平位移，但量级很小。这是由于挡墙刚度并不是无限大，挡墙在主动土压力作用下发生微小变形所致。由图 5-18（b）可以看出，土体在自重作用下发生竖向位移，在基底处竖向位移为零，地表处竖向位移最大；挡墙前后土体竖向位移不连续，这主要是由于挡墙两侧土层高度不一致，土体中的有效自重应力不同造成。图 5-18（c）为进行弹性自重应力分析后模型的孔压云图，由图 5-18 可以看出挡墙两侧静孔隙水压力相同，呈均匀分布，且随深度逐渐增大，说明前述模拟自由水体的方法能够得到正确的孔隙水压力。

图 5-19 为土体塑性自重应力分析后模型的水平位移、竖向位移与孔压云图响应，与图 5-18 比较发现，两者结果完全一致，即由于本章所模拟的模型较简单，土体在进行塑性自重应力分析后模型的反应并不发生改变。

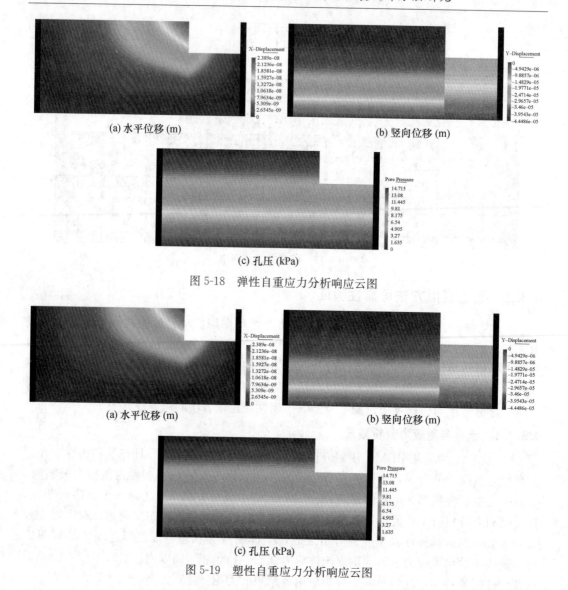

(a) 水平位移 (m)　　　　　　　　　　(b) 竖向位移 (m)

(c) 孔压 (kPa)

图 5-18　弹性自重应力分析响应云图

(a) 水平位移 (m)　　　　　　　　　　(b) 竖向位移 (m)

(c) 孔压 (kPa)

图 5-19　塑性自重应力分析响应云图

5.3.2.2　动力作用下试验值与计算值对比

本节通过对比振动台试验中记录到的时程响应与有限元结果，验证有限元模型的准确性与可靠性。

土体动力反应规律的模拟，是液化侧扩流场地桩-土相互作用有限元分析的重要环节，通过对比土体加速度、孔压和位移时程的计算值与试验值，验证数值模型的可靠性。需要指出的是，有限元模型中记录节点的位置与试验中传感器的布设位置（图 3-3）相同。图 5-20 为动力作用下土体加速度时程对比图。由图 5-20 可以看出，计算值与试验值吻合很好，有限元计算可以很好地模拟振动台试验中土体液化后加速度衰减的现象，也很好地再现地表加速度时程衰减明显而底部加速度衰减不明显的现象；并且计算得到的土体加速度时程与试验记录的加速度时程相位吻合较好，说明数值计算很好地模拟了试验过程中地表加速度周期拉长现象。

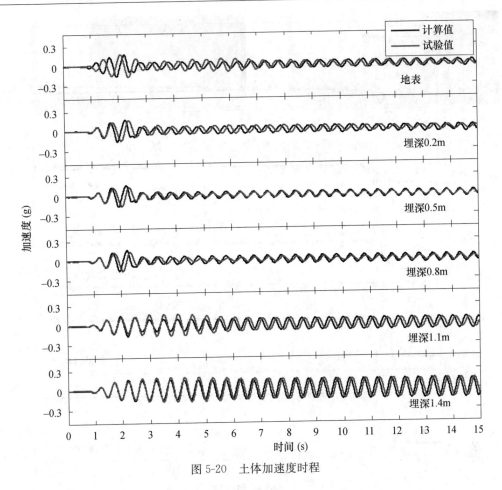

图 5-20　土体加速度时程

　　图 5-21 为土体超孔隙水压力时程有限元计算值与振动台试验值对比图。比较两者结果可以看出，本章建立的有限元模型可以很好地模拟振动过程中超孔压迅速增长土体发生液化的现象；两者发生完全液化的时刻几乎一致，液化状态一直维持到振动结束。需要指出的是，孔压时程试验值在振动初始阶段出现较为显著的波动现象，即液化过程中的剪缩现象，而有限元计算结果并未出现明显波动现象，有限元计算未能再现试验中饱和砂土发生剪缩的现象。

　　图 5-22 为桩顶位移时程有限元计算值与试验值对比图。由图 5-22 可以看出，计算值与试验值整体趋势完全一致，幅值基本相符。说明有限元计算能够很好地模拟振动过程中桩顶的位移响应。

　　图 5-23 为土体侧向位移计算值与试验值对比图。由图 5-23 可以看出，有限元计算结果可以较好地模拟振动台试验过程中土体位移先增加后逐渐稳定的趋势，并且振动结束时刻有限元计算得到的土体位移与振动台试验记录结果基本一致，但有限元计算得到的土体侧向位移增加速率慢于振动台试验实测结果。两者的差异可能是由于有限元模型中承台和桩底约束的模拟方法引起，即振动台试验中桩底与基底的连接以及桩与承台的连接并非完全固定，而有限元模型中采用直接固定的方式模拟桩与基底的连接，采用共用节点的方式模拟桩基与承台的连接。

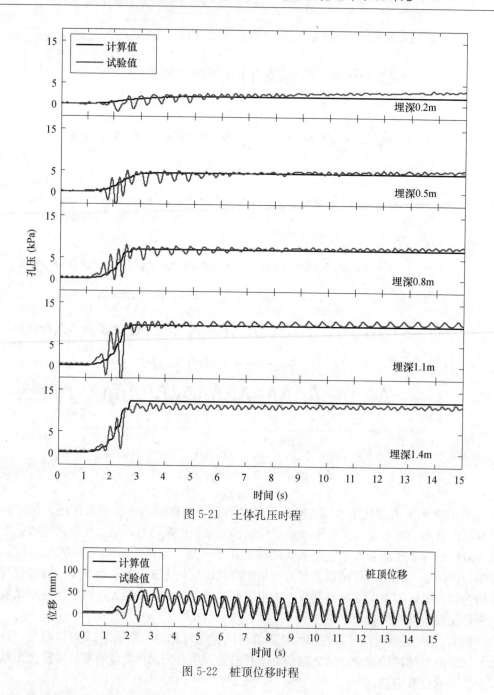

图 5-21　土体孔压时程

图 5-22　桩顶位移时程

　　图 5-24 为场地液化时刻与振动结束时刻土体水平方向位移云图，需要指出的是，该云图为网格变形的位移云图，图中空白部分对应振动台试验中的自由水体。图 5-24（a）为液化时刻土体水平位移云图，由图 5-24 可以看出，在初始液化时刻土体已经开始向挡墙前方（水域一侧，即模型中的右侧）发生侧向位移，但位移量很小，仅为 0.03m；由于桩基的存在，土体的位移云图产生了不连续现象，说明桩基对土体侧向位移具有明显的约束作用。需要指出的是，由于土体液化发生在几个振动循环之后，并且液化之前土体刚度与强度较大，因此在此阶段土体侧向位移较小（仅为几厘米）。图 5-24（b）为

振动结束时刻土体水平位移云图，由图可以看出，土体完全液化后，随着振动的持续，土体侧向位移逐渐增大，振动结束后，土体发生明显的侧向位移，约为 0.17m；土体位移云图的不连续现象更加显著，说明桩基对土体侧向位移的约束作用更加明显。

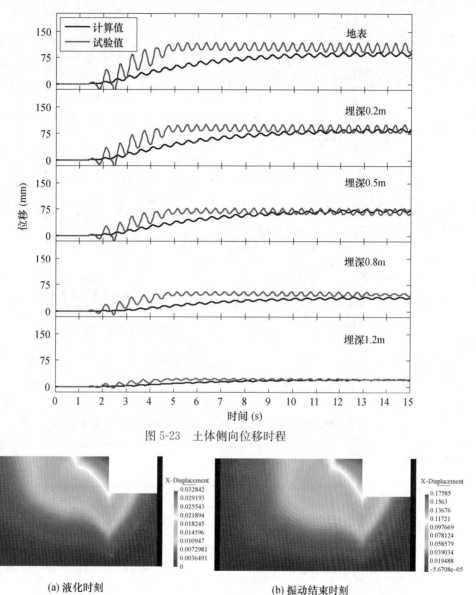

图 5-23　土体侧向位移时程

(a) 液化时刻　　　　　　　　　　　(b) 振动结束时刻

图 5-24　土体位移云图

　　图 5-25 为桩的弯矩时程有限元计算值与振动台试验值对比图，其中图 5-25 (a) 为桩 1 (靠近挡墙) 结果，图 5-25 (b) 为桩 2 (距离挡墙较远) 结果。从图 5-25 中可以看出，计算值与试验值趋势完全一致，并且有限元计算能够很好地模拟桩基在发生液化后的回弹 (弯矩先增大后减小) 现象；总体上看，有限元计算得到的桩基弯矩幅值与振动台试验值吻合较好，有限元计算可能很好地模拟群桩的动力响应，但在个别深度处存在较大差异。例如，桩 1 埋深 0.8m 处计算值与试验值存在较大差距，说明两者计算得到的桩基弯矩反

弯点存在不同；桩2埋深较浅处（0.2～0.8m）的计算值与试验值存在较大差距，特别是0.2m和0.5m深度处，在振动初始阶段，计算值与试验值符号相反。两者的差异性可能主要由桩底与基底的连接方式以及桩顶和承台的连接方式的模拟方法造成。

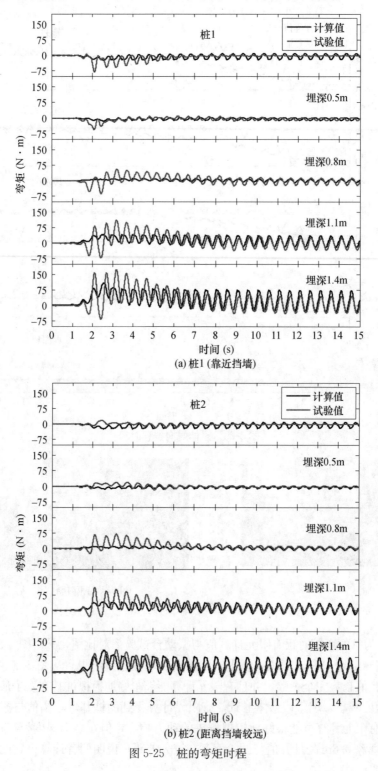

图 5-25　桩的弯矩时程

由试验值与计算值对比发现，本章所建立的有限元模型可以较好地再现试验结果，但仍存在一定的差异性，可能的原因如下：①二维数值模型，不能完全考虑实际试验模型的三维效应；②数值模型中，土体侧边界与实际边界存在一定差异。实际边界土体液化后，边界土体与土箱发生一定的分离；而数值模拟中，土体与侧边界并不能发生分离；③通过施加节点孔压荷载和节点力近似模拟自由水体，会忽略自由水体的惯性力作用；④数值模型中桩底与基底、桩顶与承台采用固接，很难准确地模拟试验中桩底的实际约束；⑤基于 10m 厚的砂层标定的饱和砂土的本构模型对模拟结果会有一定的影响，尤其是对于小尺寸模型。

5.4　本章小结

本章基于 Open Sees 有限元计算平台，针对已完成的桩-土动力相互作用振动台试验开展数值模拟，重点介绍了建模过程中的具体技术细节，主要完成了以下几部分内容：

（1）针对数值模型建立过程中所涉及的计算平台、土体本构模型、自由水体的模拟、桩-土相互作用的模拟及挡墙的模拟等进行详细介绍，并通过简单算例验证了上部建模方法的可靠性。

（2）建立了一维自由土-桩有限元模型，通过对比土体有效应力和孔隙水压力的计算结果与解析结果，发现直接施加静孔压和等效节点荷载的方式能够准确模拟自由水体对土体孔压与有效应力的影响。

（3）针对已完成的振动台试验，建立了近岸液化侧扩流场地桩-土地震相互作用振动台试验有限元数值分析模型。有限元模型中桩基采用弹性梁柱单元模拟，本构参数由桩基的拉伸试验得到；饱和砂土采用多屈服面本构模型模拟，输入参数由室内试验和单桩模型校核得到；通过对比土体加速度、孔压和位移时程以及桩基位移和弯矩时程的计算值与试验值，验证了有限元模型的正确性与可靠性。

第6章 液化侧扩流场地桩-土-结构体系 动力反应与荷载传递

6.1 引言

前述章节分别采用振动台试验与数值模拟手段对液化侧扩流场地桩-土动力相互作用开展研究，得到了动力作用下液化侧扩流场地桩基反应基本规律。考虑实际工程中桩基长度可达十几米到几十米，并且工程场地土层分布通常较复杂（多种不同性质土层交替分布），而历次地震震害经验表明，液化引起的侧向流动造成上覆非液化硬黏土层的侧向流动对桩产生巨大的侧向荷载，是强震作用下近岸液化侧扩流场地桩基发生严重破坏的主要原因之一[61]。为此，本章对实际工程场地进行理想化，并基于已验证的有限元建模方法，建立典型的液化侧扩流场地有限元数值模型，场地土层分布自上而下为上覆非液化土层、可液化土层与密室砂土层，桩基尺寸以及长度与实际工程类似，并在基底输入实际地震动，研究地震作用下典型近岸液化侧扩流场地桩-土动力反应规律与桩-土荷载传递机制。

6.2 非线性动力有限元分析

6.2.1 有限元模型

实际工程中，场地土层分布复杂，不同工程土层分布各异，很难针对所有工程都开展数值计算。因此，本章对实际工程场地进行合理的理想化，以便得到规律性结论，并据此提出抗震设计方法。现有研究（如美国学者 Boulanger、美国加州交通厅规范）通常采用三层土场地进行简化，即自上而下分别为硬黏土层、可液化砂土层和密砂层，本章也采用这种典型的土层分布形式。《建筑抗震设计规范》中规定，当初步判别认为需进一步进行液化判别时，应采用标准贯入试验判别法判别地面下 15m 深度范围内的液化；当采用桩基或埋深大于 5m 的深基础时，尚应判别 15～20m 范围内土的液化。据此，基于 Open Sees 有限元计算平台建立了 2D 有限元模型（图 6-1），模型中土层厚度为 21m，其中，最上层 3m 为非液化硬黏土层，中间土层为厚度 12m 的可液化松砂层，最下层为厚度 6m 的密实砂土层。模型总长度为 92m，其中挡墙后方长度为 60m，挡墙前方长度为 32m，桩基位移挡墙后方 3m 处。挡墙前方自由水体深度为 7m。在平面应变条件下，土单元表现出纯剪特性。模型中除平面厚度足够厚（本模型中为 50m），以模拟自由场的特性，且不被桩的嵌固效应影响。

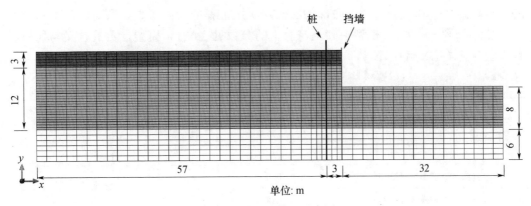

图 6-1　有限元模型示意图

模型中采用基于位移的弹性梁柱单元模拟桩基，桩径为 2m，桩基延伸到地面以下 21m，地面以上桩基长度为 2m。上部结构采用作用在桩顶的集中质量模拟，模型中采用 co-rotational transformation 模拟 $P-\Delta$ 效应。桩单元与土单元在水平和竖直方向分别采用零长度的 $p-y$、$t-z$ 单元连接，桩底与基底铰接。需要指出的是，相对三维有限元分析，二维模拟能够大幅度减少计算时间、简化响应的解析以及在有限时间内进行大量参数分析的优点。由第 3 章分析结果以及众多学者所述[136,161]，桩与二维土体之间的土弹簧能够模拟桩土之间的相对大位移，能够近似模拟土体绕桩变形性的三维效应，并且如果二维模型中通过土弹簧传递荷载的大小与三维模型近似，则可以认为二维与三维模型中的桩-土响应模式基本一致。

本章所采用的非线性动力有限元模型的建模方法与第 5 章方法完全相同，由第 5 章的试验值与计算值的对比结果可以看出，本章所用土体模型能够合理模拟松砂中孔压的增长与液化，连接桩与土体的土弹簧能够随土体的液化更新有效应力，建模方法能够准确有效地再现地震过程中近岸水平液化侧扩流场地桩-土非线性动力响应。为了方便阅读，本章对有限元建模过程进行简要介绍。

6.2.2　土体模型

模型中土体采用二维四边形水土耦合单元（Quad UP）模拟，该单元耦合了土颗粒位移 u 和孔压 p，每个节点包含 3 个自由度，即竖向和水平向的位移自由度以及孔压自由度；采用两种多屈服面本构模型模拟土体，即砂土采用 Open Sees 材料库中的 PDMY 模型模拟（详见第 3 章与第 5 章），黏土采用 PIMY 本构模型模拟。

砂土模型（PDMY）的屈服准则采用一系列圆锥屈服面描述。模型采用非关联流动法则，能够模拟剪切变形引起的体积膨胀与剪缩。硬化准则为纯偏运动硬化。模型中的应力与应变响应能够很好地模拟粒状材料在循环荷载作用下的剪胀与剪缩以及孔压增长，并且不会产生自锁现象。黏土模型（PIMY）体应力-应变响应为线弹性且与偏应变响应无关，塑性仅表现在偏应力-应变响应，基于多屈服面概念提出，屈服面形状为冯·米塞斯型，采用关联流动法则。有限元模型中为理想化的土体，上覆黏土层参数采用 Yang 等推荐的软土参数，可液化松砂层采用推荐的松砂参数，该组参数对应砂土的相对密实度为 15%～35%，底部的密砂层采用推荐的密砂参数，所对应砂土的相对密实度为 85%～100%。模型中砂土与黏土的参数见表 6-1，模型参数的含义与如何影响模型响应详见文献 [178]。

表 6-1 模型土体参数

模型参数	松砂 (15%～35%)	密砂 (85%～100%)	黏土
密度（t·m^{-3}）	1.7	2.1	1.3
参考剪切模量（kPa）	55000	13000	13000
参考体积模量（kPa）	150000	390000	65000
内摩擦角（°）	29	40	—
峰值剪应变	0.1	0.1	0.1
参考围压（kPa）	80	80	80
围压系数	0.5	0.5	—
相位转换角（°）	29	27	—
剪缩系数 c_1	0.21	0.03	—
剪胀系数 d_1	0	0.8	—
剪胀系数 d_2	0	5	—
液化系数 l_1	10.0	10.0	—
液化系数 l_2	0.02	0	—
液化系数 l_3	1.0	1.0	—
黏聚力（kPa）	—	—	18

6.2.3 桩的模拟

有限元模型中，桩基采用 Open Sees 材料库中的弹性梁柱单元模拟，在地震作用下一直保持弹性。本章研究了两种刚度桩基的反应，刚度较小桩基的弹性模量为 2.06×10^8 kPa，惯性矩为 0.0625m^4，面积为 0.0309m^2；刚度较大桩基的弹性模量为 2.06×10^8 kPa，惯性矩为 9.5m^4，面积为 11.8m^2。上部结构以集中质量的形式施加在桩顶，对于刚度较小的桩基，桩顶施加的集中质量为 20t；刚度较大的桩基，桩顶施加的集中质量为 80t。

6.2.4 土弹簧

本章模型中采用两种桩-土界面弹簧连接土体单元与桩单元：即水平向的零长度 $p-y$ 和竖向 $t-z$ 弹簧。土弹簧由弹性部分、塑性部分、脱离部分和阻尼器组成，$p-y$ 弹簧能够模拟地震过程中桩-土之间相对大位移，$t-z$ 弹簧能够再现地震过程中桩-土竖向相对滑动现象。Open Sees 中 $p-y$ 和 $t-z$ 材料能够基于其相邻土单元的有效应力更新承载力和刚度，因此该弹簧能够模拟土中超孔压引起的刚度与强度瞬时丧失现象。

土弹簧参数选取美国石油协会（API）规范的推荐方法进行计算。由于在埋深达到数倍桩径之后，API 推荐的计算地基反力系数 k 偏大，因此埋深较深处 $p-y$ 单元的刚度采用 Boulanger 等[171]提出的公式进行折减。土弹簧输入参数如下：黏土层 $S_u=$ 36kPa，$p_{ult}=117\sim161kPa$，$y_{50}=0.005m$；可液化松砂层，$p_{ult}=147\sim495kPa$，$y_{50}=0.002\sim0.01m$；模型底部密砂层 $p_{ult}=1710\sim5544kPa$，$y_{50}=0.004\sim0.01m$。所有土单元的拖拽系数 $C_d=0.3$。

6.2.5 挡墙的模拟

典型近岸液化侧扩流场地中挡墙主要起到两个作用：第一，在静力作用下维持墙后土体稳定；第二，在动力作用下发生倾覆，引发墙后土体侧向流动。因此，在数值模型中要保证挡墙具有足够的刚度，以保证墙后土体在静力作用下保持稳定，在地震作用下绕基底自由转动，并允许挡墙与土体之间发生较大的滑移。由于挡墙并不是本书研究的重点，模型中主要关注桩基与土体的动力反应，挡墙仅用于触发液化侧扩流，因此为简化建模过程，再现实际地震过程中挡墙发生倾覆的现象，设定有限元模型中挡墙与土体之间可以传递水平荷载，而不存在竖向荷载。有限元模型中，挡墙采用弹性梁柱单元模拟，其弹性模量为 2.1×10^9kPa，惯性矩为 $28.26m^4$，面积为 $63.585m^2$，挡墙与基底采用铰接方式连接。需要指出的是，为了减小挡墙的侧向变形，在重力分析阶段将挡墙底部固定，在动力分析阶段释放转动自由度，以保证在动力分析阶段能够发生倾覆。

6.2.6 自由水体的模拟

与振动台试验工况类似，本章所建立的有限元模型中，在挡墙前方（土层较低一侧）存在深度为 7m 的自由水体，自由水体的模拟方法与第 3 章方法相同，即通过直接施加节点静水压力和相应节点力的等效模拟。需要特别指出的是，由于本章有限元模型土层厚度（出平面方向）设置为 50m，在计算节点静水压力时水体的宽度同样为 50m。

6.2.7 边界条件

有限元模型中边界条件的设置，特别是侧边界的设置严重影响整个体系的地震响应。由于实际场地中并不存在振动台试验中所需的土箱，因此，本章理想化有限元模型侧边界的处理与第 3 章中侧边界的模拟方法稍有不同，但存在很多同性。本章有限元模型中侧边界的处理方法具体如下：在场地左右两侧设置宽度为 5m 的自由土柱（高度约为 21m，材料属性与相邻土体材料属性完全相同），与振动台试验数值模型中箱体的模拟方法类似，土柱同样采用 Open Sees 材料库中的各向同性弹性材料（Elastic Isotropic），但土柱出平面方向的厚度设置为足够大（有限元模型中设置为 10000m），以模拟自由场的响应。在重力步分析中，将场地侧边界固定，自由土柱采用周期边界，两者相互独立；在动力步分析之前，将场地侧边界释放，并与自由场土柱水平方向自由度绑定（采用 Open Sees 中的 equal DOF 命令实现）。

对于底边界与顶边界与振动台试验数值模型的处理方法完全相同，即底边界为固定边界，同时固定土体底部节点的水平向与竖向自由度；挡墙后方土体顶边界为透水边界，即约束孔压自由度；挡墙前方地表释放位移自由度，并在相应节点的孔压自由度施加孔压荷载；土体侧边界与底边界为不透水边界，即释放土体的孔压自由度。

6.2.8　分析步序与输入地震动

有限元分析步序包括如下步骤：

步序 1：生成土-挡墙有限元网格，定义材料属性与边界条件。为了便于重力分析中土体固结，土体渗透系数设置为很大值，即 1m/s。将材料属性设置为弹性，进行自重应力分析，施加土体自重与自由水体的静孔压，并得到土体初始应力状态。需要特别说明的是，在此阶段挡墙墙底设置为固接，以减小挡墙在土压力作用下产生的水平位移。

步序 2：定义桩、承台以及土弹簧（$p-y$ 与 $t-z$）的单元，并将土弹簧与土体和桩连接。土弹簧设置为弹性，进行自重应力分析，得到施加桩体自重后模型的初始应力场。

步序 3：将土体渗透系数设置为真实值，土体与土弹簧材料设置为塑性阶段，释放挡墙底部节点的旋转自由度，采用一致激励（Open Sees 中的 Unform Excitation 命令）施加动力荷载。

基底激励以加速度形式输入，输入地震动为阪神地震中记录的地震动，其加速度时程曲线见图 6-2。

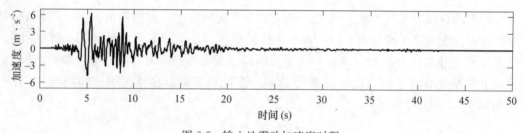

图 6-2　输入地震动加速度时程

6.3　典型动力响应

6.3.1　土体响应

在本章模型中，重点关注挡墙左侧 50m 处土体的动力反应规律，该部分土体远离桩与挡墙（远大于 5 倍桩径），且距离左侧边界较远，可认为该部分土体与自由场土体反应规律基本一致。图 6-3 为土体位移时程曲线，由图 6-3 可以看出，地震开始之后，土体水平位移开始增大，随着输入地震动强度的增加，土体水平位移逐渐增大，在 6s 左右达到负向（远离挡墙方向）最大值；随后，尽管输入地震动幅值开始逐渐减小，但水平位移却在正向（朝挡墙方向）逐渐积累，并在 16s 左右达到峰值；振动结束后（20s 后），土体产生残余位移，自由场地表处最大残余位移约为 0.24m。需要指出的是，深度 2m 处土体为上覆黏土层，6m、10m、14m 为可液化松砂层，18m 为底部密室砂土层，比较不同深度处土体位移时程曲线可以看出，地表处土体位移最大，随着埋深的增大，土体侧向位移逐渐减小，埋深 18m 处土体侧向位移基本可以忽略不计。

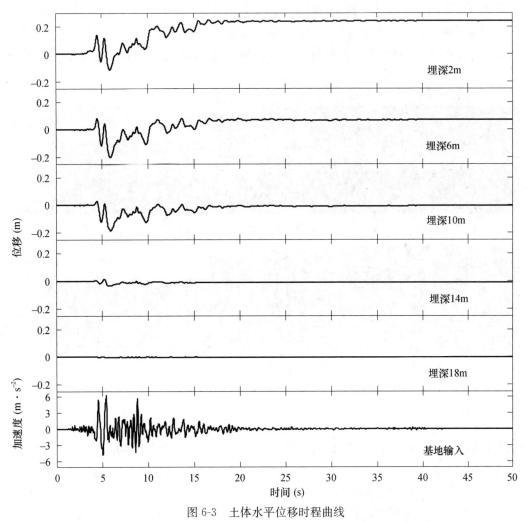

图 6-3 土体水平位移时程曲线

图 6-4 为地震结束后水平方向与竖直方向位移云图，由图 6-4 可以看出，挡墙与土体之间以及桩与土体之间发生明显的相对位移，具体来说，挡墙与土体之间发生明显的滑动现象，在竖直方向产生较大的相对位移；桩与土体之间在水平方向与竖直方向都出现了明显的相对位移，即土体绕桩发生流动现象和相对滑动现象，这一结果与振动台试验中观察到的现象完全相同。

由图 6-4（a）可以看出，土体发生显著正向（朝水域一侧）的水平位移，最大水平位移约为 0.84m，出现在挡墙后方；挡墙后方超过一定距离（约 15m），土体侧向位移并不明显；土体上方黏土层水平方向位移显著大于下方可液化土层水平位移，在硬黏土层与可液化土层之间发生显著相对位移，这一结果与 Boulanger 等[95]开展的离心机试验结果一致；振动结束后，模型底部密砂层水平位移很小，且没有出现桩土相对水平位移。由图 6-4（b）可以看出，地震结束后，挡墙后方（陆域一侧）土体发生显著的沉降现象，且在靠近挡墙处沉降最大，最大沉降值约为 0.7m，而挡墙前方（水域一侧）土体出现显著的上浮现象，且在靠近挡墙处上浮最大，最大上浮约为 0.4m。这主要是由于地震过程中挡墙逐渐向水域一侧倾覆，引发后方土体发生位移，且对挡墙前方土体产生挤压作用所致，这一结果与振动台试验现象相同；还可以看出，土体竖向位移主要发生在上部硬黏土层与中部可液化砂土层，而底部密砂层土体并无发生显著的竖直向位移。

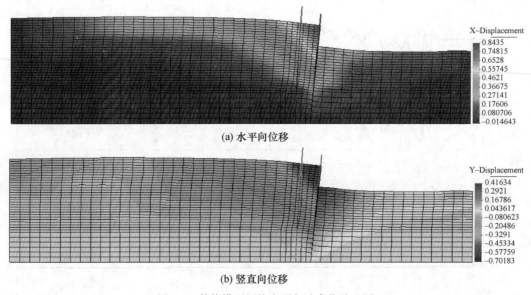

(a) 水平向位移

(b) 竖直向位移

图 6-4　数值模型网格变形与残余位移云图

图 6-5 为典型近岸液化侧扩流场地中土体孔压时程曲线，由图 6-5 可以看出，地震过程中不同深度处自由场土体都出现孔压增长现象，且在振动开始的几个循环后超孔压达到其最大值，其中深度为 6m、10m 和 14m 处（可液化松砂层）土体超孔压分别达到其对应深度出的有效上覆土压力，表明可液化砂土层发生完全液化现象；在地震的初始阶段，可液化砂土层中超孔压时程曲线出现了显著的波动现象，表明地震过程中饱和砂土出现了显著的剪胀现象；埋深 18m 处（即密室砂土层）土体超孔压稍有增加，没有发生完全液化；由于本章模型中黏土同样采用四边形 $u-p$ 单元模拟，因此，深度 2m 处（黏土层）同样出现了孔压增长现象。需要指出的是，输入地震动加速度记录在 20s 后幅值基本为 0，地震开始 20s 后松砂层底部超孔压出现一定消散现象，且在密砂层孔压出现一定增长现象，这主要是由于在 20s 后孔隙水自松砂层向密砂层迁移，超孔压重分布所致。

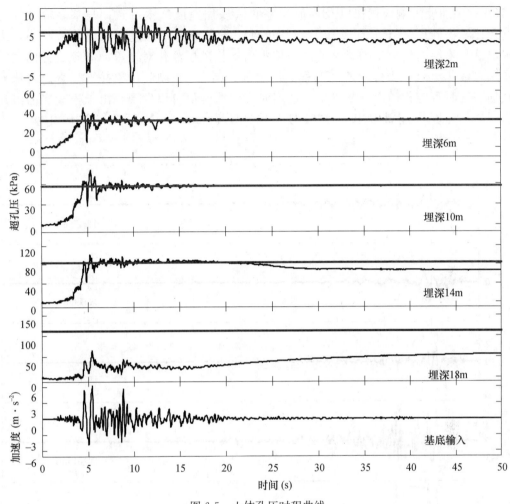

图 6-5　土体孔压时程曲线

图 6-6 为地震结束时刻孔隙水压力分布云图，需要注意的是，该孔压云图为总孔压，即包含静孔压与超孔压两部分，从图可以看出，孔压分布较为均匀，随着埋深的增加孔压逐渐增大，且挡墙两侧孔压不联系；通过与上覆有效应力比较同样可以看出，模型土体发生不同程度的孔压增长现象。

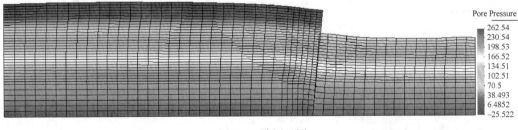

图 6-6　孔压云图

图 6-7 为不同深度处自由场土体加速度时程曲线，由图 6-7 可以看出，密砂层

（18m）中加速度响应规律以及峰值与基底输入加速度基本一致；与基底输入加速度相比，松砂层（6m、10m和14m深度处）与黏土层中加速度峰值明显减小，表现出液化土层对地震动的显著滤波作用；由于松砂层液化对地震动高频成分的滤波作用，液化土层中土体加速度时程曲线更加光滑，"毛刺"现象并不显著。对比基底加速度时程与松砂层和黏土层加速度时程曲线峰值可以发现，由于松砂层的液化作用，加速度周期被拉长，类似的现象在 Bhattacharya[96] 开展的试验中也有观察到。

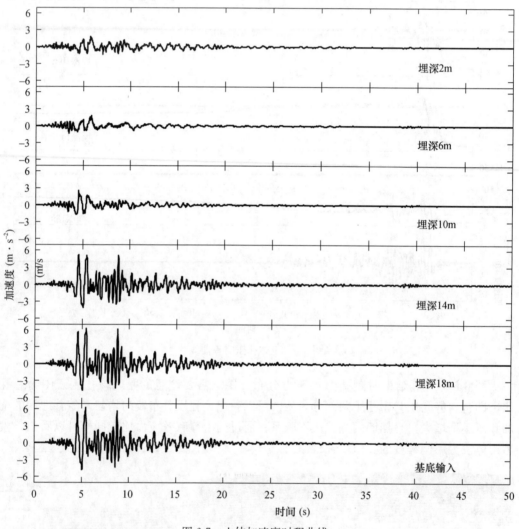

图 6-7　土体加速度时程曲线

6.3.2　桩的动力响应

本节以柔性桩（桩的抗弯刚度较小，桩的详细参数见 6.2.3 节）典型的动力响应为例，介绍桩基在典型液化侧扩流场地中桩基的动力时程响应，主要分析桩与土体相对位移，桩的弯矩、剪力和轴力响应，为桩土荷载传递分析奠定基础。

　　图 6-8 为桩的弯矩时程曲线，由图 6-8 可以看出，不同埋深处桩的弯矩时程响应规律基本一致，埋深较浅处桩的弯矩很小，基本可以忽略，随着埋深的增大，桩的弯矩逐渐增大；地震开始之后，弯矩开始增大，且增大速率很快，在输入地震动的第二个正向峰值时刻，弯矩几乎达到其最大值；随后随着地震动的积累，桩的弯矩稍有增大，但变化幅度不大；在 15s 左右，输入地震动幅值约为 1.5m/s^2，此时桩基加速度已经稳定，其后时刻输入峰值加速度很小，几乎可以忽略不计，但是 15s 后桩的弯矩并不是随输入地震动的减小而减小，而是基本保持不变。

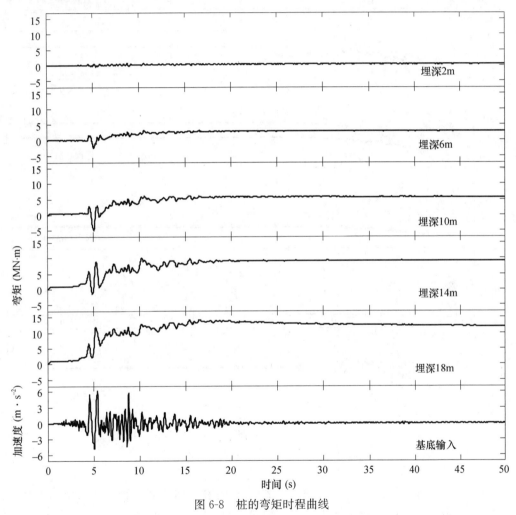

图 6-8　桩的弯矩时程曲线

　　图 6-9 为桩和土的位移时程曲线，需要指出的是，此处土体位移并不是自由场位移，而是与桩基相同位置处土体位移。由图 6-9 可以看出，桩和土的位移时程响应规律基本一致，都朝水域一侧发生侧向位移，且在振动结束之后都产生了很大的永久位移，埋深 2m 处桩的最大水平永久位移约为 0.39m，土的水平位移约为 0.6m。比较不同深度处位移时程曲线可以看出，桩和土的位移都随着埋深的增大而逐渐减小，在底部密砂层中（18m）桩和土的位移很小，几乎可以忽略不计。另一个现象是土体水平位移大于相同埋深出桩的水平位移，桩和相邻土体之间出现显著的相对位移，以埋

深 2m 处的桩土位移为例，两者相对位移约为 0.22m，由此可以看出二维数值模型中所采用的 $p-y$ 弹簧能够很好的再现振动台试验、离心机试验和三维数值模型中的土体绕桩流动的现象。

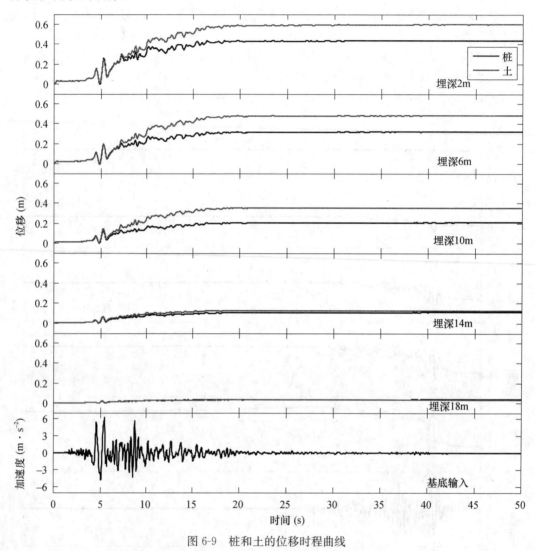

图 6-9 桩和土的位移时程曲线

图 6-10 为不同深度处桩的剪力时程曲线与基底输入加速度时程曲线，由图 6-10 可以看出，在黏土层与可液化土层中，土体侧向流动对桩产生的剪力随着埋深的增大而逐渐增大，在靠近密砂层处（14m）产生的剪力最大，且由于土体产生侧向永久变形，因此在振动结束后桩基中产生永久剪力。对比不同深度处桩基剪力可以发现，地震过程中密实砂土层（埋深 18m）对桩起嵌固作用，而上部可液化土层与黏土层对桩起推动作用，是桩中产生剪力最主要驱动力。

比较基底加速度时程与桩基剪力时程可以发现，桩基中产生的剪力与基底输入加速度不具有相关性（如峰值加速度时刻对应的桩基剪力并非峰值剪力），说明对于刚度较小的桩基而言，桩的动力响应受土的侧向流动而非基底输入加速度控制。

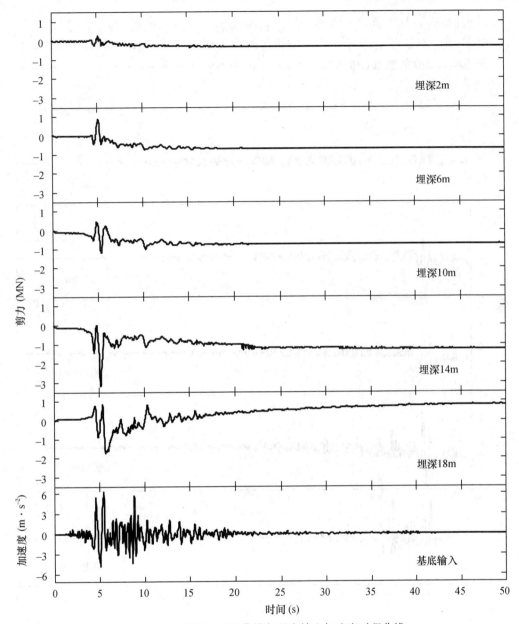

图 6-10　桩的剪力时程曲线与基底输入加速度时程曲线

　　图 6-11 为桩的轴力时程曲线与基底输入加速度时程曲线，由图 6-11 可以看出，不同埋深处桩的轴力响应规律基本一致，且桩的轴力响应受基底输入加速度控制（表现为轴力响应与输入加速度响应基本一致，且两者峰值时刻基本相同），与土体的侧向位移响应关系不大；比较不同埋深处轴力大小可以发现，随着深度的增大，桩中产生的轴力逐渐增大；另外一个现象是桩的轴力时程表现出"削峰"现象，即轴力时程本应出现脉冲的时刻变为平滑，这是由于在本书数值模型中采用 $t-z$ 弹簧模拟桩-土轴向相互作用，在轴力较大时 $t-z$ 弹簧发生屈服，表现为桩土出现相对滑移现象。

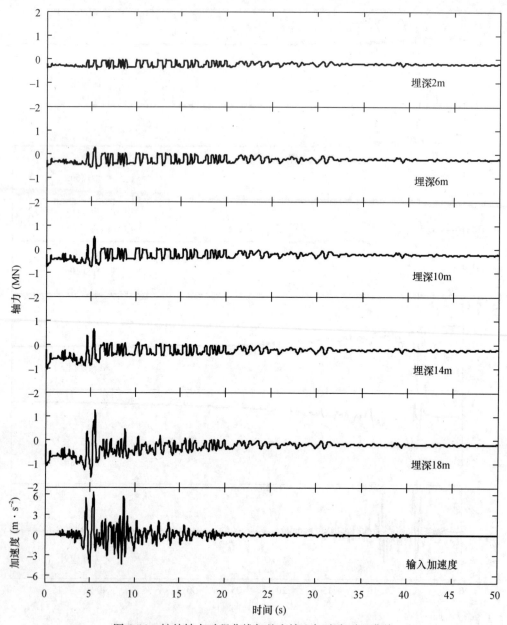

图 6-11 桩的轴力时程曲线与基底输入加速度时程曲线

图 6-12 为振动结束时刻桩的弯矩、剪力和位移随深度变化规律。由图 6-12 可以看出，桩的弯矩最大值出现在液化土层与密实砂土层分界面稍下位置；由于桩顶自由，桩底与基底铰接，因此在桩顶和桩底处桩的弯矩为零。由于振动结束后桩顶加速度为零，因此地表以上剪力为零；在密砂层上部，液化砂土层和黏土层桩的剪力为负值，而在密砂层中下部剪力为正值，即上部土层的侧向流动对桩产生驱动力，而下部密实砂土层对桩产生约束力。对比桩的位移剖面与土体位移剖面图可以看出，桩和土体之间产生显著的相对位移，在振动结束时刻，黏土层和可液化砂土层土体侧向位移远大于桩的位移，表现为"土推桩"的现象，而在密实砂土层，桩的位移稍大于土体位移，表现为"桩推

土"的现象，同样说明场地上部土层对桩产生驱动力，而下部密实砂土层为桩提供侧向约束力。

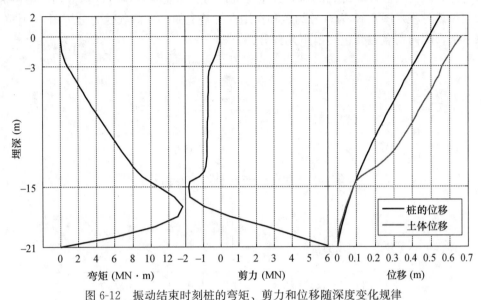

图 6-12　振动结束时刻桩的弯矩、剪力和位移随深度变化规律

6.4　荷载传递

地震过程中桩之间的荷载传递显著影响桩的力-位移关系以及桩的惯性荷载和运动荷载的叠加机制。本节主要介绍液化及液化侧扩流场地中作用在桩上侧向荷载的计算方法以及桩-土-上部结构系统的荷载传递。其主要包括两部分：桩与侧向流动土体的荷载传递；惯性与运动荷载的相位关系，通过分析桩土之间位移特性与荷载特性，分析桩土荷载传递机制；通过分析刚桩与柔桩的动力响应特性，初步探讨惯性荷载和运动荷载的相位关系及其荷载组合模式。

6.4.1　桩土相对位移与侧向荷载

作用在桩上的侧向荷载以及桩与土体侧向位移可以通过有限元记录到的数据进行简单处理得到。与基础数据相比，通过反算侧向流动荷载描述侧向流动土体与桩基之间的荷载传递特性，能够清晰地表述桩-土相互作用机制。

6.4.1.1　桩土相对位移

荷载传递机制涉及桩与土体的相对位移（$y = y_{soil} - y_{pile}$）。黏土与桩各自的侧向位移可由 OpenSees 输出。由于挡墙后方土体随着与挡墙距离的增大而逐渐减小，超过一定距离后由挡墙触发的墙后土体侧向流动几乎可以忽略不计，因此，土体与桩的相对位置严重影响桩土相对位移的大小。本书中的相对位移是由与桩位置相同的土体位移减去桩的位移得到。需要指出的是，由于桩对桩周土体的嵌固作用，因此很难定义真正的自由场，本章模型中将土体厚度设置为 50m，其总体质量与刚度远大于桩的质量与刚度，因此可以近似认为，在液化侧向流动过程中桩对土体的影响有限。

121

6.4.1.2　荷载传递分析

通过有限元模型计算得到的剪力数据与桩顶的加速度时程，可计算得到作用在桩上的侧向荷载时程。图6-13为符号约定和作用在桩基上的水平荷载受力分析图，由图6-13可以看出，侧向荷载主要包括以下几部分：

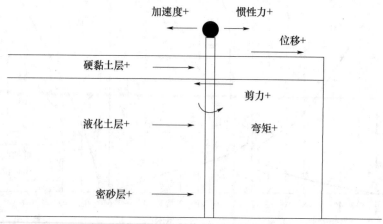

图 6-13　液化侧扩流场地桩基受力分析与符号约定

（1）上部结构的惯性荷载 I_{ss}。$I_{ss} = -m_{ss} \cdot a_{ss}$，其中 m_{ss} 为上部结构质量，a_{ss} 为上部结构加速度。

（2）作用在桩上运动荷载 P_{crust}。需要指出的是，作用在桩上运动荷载主要由液化侧向流动过程中土体的侧向流动产生，在本章数值模型中黏土层与可液化松砂层都会向水域一侧流动，但由文献［162］以及本章模型结果可知，与黏土层相比，液化土层作用在桩上的侧向荷载很小，且液化土层下部区域起约束力而非驱动力的作用，因此，为了方便分析，本书仅将上覆硬黏土层对桩产生的侧向荷载称为运动荷载（或者侧向流动荷载）。

（3）作用在桩上的总剪力 V，可由有限元模型直接输出。

由上述受力分析图可知，作用在桩上的运动荷载 P_{crust}（侧向流动荷载）可由总剪力与惯性荷载之差得到：

$$P_{crust} = V - I_{ss} \tag{6-1}$$

6.4.2　桩土荷载传递

计算得到刚性桩的典型动力时程反应结果见图6-14。图6-14中包括桩和土的侧向位移、上部结构惯性荷载、运动荷载、桩的弯矩、松砂层中部超孔压比以及基底输入加速度。

由图6-14的时程结果可以看出：①在振动过程中，土体位移一直大于桩的位移，即在整个振动过程中，表现出"土推桩"的现象，桩受到其后土体的土压力作用；②对于本书研究的桩基而言（桩基的抗弯刚度较大），惯性荷载与运动荷载峰值同时出现，且都出现在振动过程中，这一结论与日本公路协会规范等的研究结果不符；③在弯矩峰值响应最大的荷载循环和大部分较大荷载循环，惯性荷载与运动荷载动力响应基本同步；④惯性荷载与运动荷载的关键荷载循环（即峰值荷载循环）都伴随液化砂土层中超孔压的瞬时降低，即砂土发生剪胀，土体有效应力恢复；⑤峰值惯性荷载与峰值运动荷载都出现在振动过程中，但最大桩土相对位移出现在振动结束之后；⑥由于土体产生了永久位移，在完全液化后残余运动荷载一直保持；⑦与基底输入加速度相比，地表加速度时程"毛刺"现象并不明显，表明砂土液化对地震加速度的高频成分具有滤波作用。

桩土荷载位移特性见表 6-2，由表 6-2 可以看出，在达到峰值运动荷载时刻土体发生完全液化（超孔压比为 1）；对于刚桩和柔桩两种工况，地表位移几乎相同，但地表处桩的永久位移存在显著差异，分别为 0.49m 和 0.35m；对于柔性桩，桩土相对位移为负值，即在峰值运动荷载时刻桩的位移大于土体位移；而对于刚桩，桩土相对位移约为 0.02m，即在峰值运动荷载时刻土体位移大于桩的位移，说明对于两种工况，两者的桩土荷载特性存在显著差异；对于柔桩和刚桩，两者的峰值运动荷载分别为 709kN 和 4751kN，两者存在较大不同。

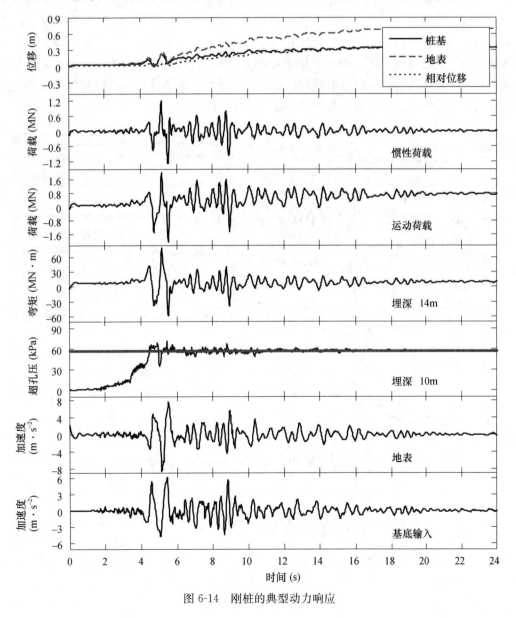

图 6-14　刚桩的典型动力响应

表 6-2 表 6-2　液化侧扩流场地中桩-土荷载传递特性

参数	柔桩	刚桩
松砂层中峰值孔压比	1	1
地表永久位移（m）	0.69	0.68
地表处桩的永久位移（m）	0.49	0.35
桩-土相对位移（m）	−0.015	0.02
峰值运动荷载（kN）	709	4751

6.4.3　惯性荷载与运动荷载的组合

图 6-14 和图 6-15 分别为刚性桩和柔性桩典型的动力响应特性。由图 6-14 可以看出，对刚性桩而言，在振动过程中，土体位移一直大于桩的位移，即在整个振动过程中，表现出土推桩的现象，桩受到其后土体的被动土压力作用；在关键加载循环（桩基弯矩响应最大的荷载循环）和大部分较大荷载循环，惯性荷载与运动荷载动力响应基本同步；惯性荷载与运动荷载峰值同时出现，且都出现在振动过程中；桩基的最大响应出现在地震过程中，且运动荷载与惯性荷载起叠加效应。

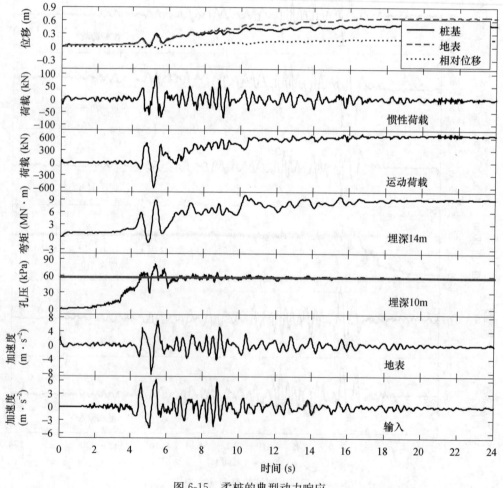

图 6-15　柔桩的典型动力响应

由图 6-15 可以看出，对于柔性桩而言，在地震前期，桩基位移大于土体位移，且在此阶段桩的惯性荷载达到峰值，表现出桩推土的现象，桩受到其前方土体的主动土压力作用；比较桩的惯性响应与运动响应时程可以看出，在整个地震过程中两者的动力响应完全不同，惯性荷载动力响应规律与基底输入加速度特性基本一致，惯性荷载峰值出现在振动过程中，而运动荷载在振动结束之后达到最大值，且与土体的位移响应存在一定的相关性；桩的最大响应受运动荷载控制，且惯性荷载与运动荷载在整个地震过程中表现出抵消效应。

比较刚桩与柔桩荷载动力响应可以发现，两者的响应存在显著不同，荷载组合效应也不相同。对于刚性桩而言，惯性荷载与运动荷载起抵消效应；而对于柔性桩而言，惯性荷载与运动荷载起叠加效应。需要指出的是，本章所提及的两种工况上部结构质量也存在差异，因此，需要进一步探讨哪一个因素影响桩基的荷载效应及其组合形式。在后面章节中将会对影响荷载效应及其组合形式的因素进行详细研究，并探讨两种荷载效应的相位关系以及如何在设计中既经济又安全的考虑两种荷载效应的组合方式。

6.5　本章小结

本章建立了典型近岸液化侧扩流场地桩基地震反应分析模型，该模型土体包括三层土，最上层为黏土，下铺可液化砂土层，最下层为密实砂土层，其中黏土采用 PIMY 模型模拟，砂土采用 PDMY 模型模拟；钢管采用弹性梁柱单元模拟，在整个地震过程中保持弹性，上部结构采用集中质量的方式施加在桩顶；采用 $p-y$ 和 $t-z$ 弹簧模拟桩土水平向与竖直向的相互作用；挡墙采用弹性梁柱单元，并考虑挡墙与土体之间的相对滑移；自由水体采用直接施加孔压荷载与节点力的方式实现；模型底边界采用固定边界，而侧边界采用剪切梁边界；以加速度形式施加地震动，通过动力计算，得到了典型液化侧扩流场地土体和桩基的动力响应规律，并分析了液化侧扩流场地中桩土荷在传递规律，得到如下结论：

（1）振动开始后，土体水平位移逐渐增大，随着输入地震动强度的增加，土体水平位移逐渐增大，随后，尽管输入地震动幅值开始逐渐减小，但水平位移却在正向（朝挡墙方向）逐渐积累，振动结束后，土体位移达到最大值，地表处最大残余位移约为 0.24m。

（2）地震过程中不同深度处土体都出现孔压增长现象，且在振动开始的几个循环后土体超孔压达到其有效上覆土压力，表明可液化砂土层发生完全液化；在 20s 后在松砂层底部超孔压出现一定消散现象，且再密砂层孔压出现一定增长现象。

（3）与输入加速度相比，松砂层与黏土层中加速度峰值明显减小，表现出液化土层地震动的滤波作用；由于松砂层液化对地震动高频成分的滤波作用，液化土层中土体加速度时程曲线更加光滑，"毛刺"现象显著减弱。由于松砂层的液化作用，加速度周期被拉长。

（4）对刚性桩而言，在振动过程中，土体位移一直大于桩的位移，即在整个振动过程中，表现出土推桩的现象，桩受到其后土体的被动土压力作用；在关键加载循环和大部分较大荷载循环，惯性荷载与运动荷载动力响应基本同步；惯性荷载与运动荷载峰值同时出现，且都出现在振动过程中；桩基的最大响应出现在地震过程中，且运动荷载与惯性荷载起叠加效应。

（5）对于柔性桩而言，在地震前期，桩基位移大于土体位移，且在此阶段桩的惯性荷载达到峰值，在该阶段表现出桩推土的现象，桩受到其前方土体的主动土压力作用；比较桩的惯性响应与运动响应时程可以看出，在整个地震过程中两者的动力响应完全不同，惯性荷载动力响应规律与基底输入加速度特性基本一致；惯性荷载峰值出现在振动过程中，而运动荷载在振动结束后达到最大值，且与土体的位移响应存在一定的相关性；桩的最大响应受运动荷载控制，且惯性荷载与运动荷载在整个地震过程中表现出抵消效应。

第7章 桩-土-结构体系惯性荷载与运动荷载相位关系分析

7.1 引言

历次破坏性地震震害调查表明，液化引起的土体侧向流动是地震过程中桥梁基础产生破坏的主要原因。为此，众多学者采用物理模型试验、数值计算和震害实例分析对液化场地中桩基以及桩承结构地震反应进行研究，并提出了设计推荐方法。然而，这些设计方法在如何考虑土体侧向流动（运动效应）与上部结构惯性效应差异性很大。例如，美国交通研究委员会与日本公路协会建议，当振动结束后土体位移达到最大时产生的侧向流动荷载最大，且与惯性荷载不同时作用。然而文献［95］认为惯性荷载与运动荷载间歇同相或反相作用。文献［94］认为，侧向流动荷载与结构惯性荷载同时作用的假定适用于刚性桩，对柔性桩过于保守。由于上述结论大多依据振动台试验或者离心机试验数据得出，所考虑的工况相对较少，导致这些结论存在较大的差异性。为此，本章采用动力有限元分析，研究不同工况下惯性荷载与运动荷载的相位关系，并尝试分析相位关系存在差异的原因。

7.2 非线性动力有限元分析

7.2.1 分析因素

本章采用第4章介绍的二维非线性动力有限元模型对液化侧扩流场地桩-土-上部结构体系进行参数分析。其模型主要包含桩及其上方的单自由度结构；土层分布自上而下为3m厚的非液化黏土层、12m厚松散可液化砂土层和6m厚的密实砂土层；刚性挡墙将场地分为前后两部分，两侧土体高差为7m，刚性挡墙前方土体上方存在高度为7m的自由水体。以第4章有限元数值模型作为本章参数研究的基准工况，通过更改单一参数保持其他参数相同的方式进行参数研究。

为了研究液化侧扩流场地惯性荷载与运动荷载的相位关系，基于动力有限元分析，针对如下参数进行研究：

(1) 桩的抗弯刚度。

(2) 上部结构质量。

(3) 黏土层强度。

(4) 桩的长度。

(5) 场地液化。

7.2.2　基准模型

本章基准模型与第 4 章有限元模型一致，通过改变桩的抗弯刚度、上部结构质量、黏土层强度、桩的长度以及土体是否发生液化，系统分析液化侧扩流场地中惯性荷载与运动荷载的相位关系。所有模型土层厚度都为 21m，最上层 3m 为非液化硬黏土层，中间层为厚度 12m 的可液化松砂层，最下层为厚度 6m 的密实砂土层。模型总长度为 92m，其中挡墙后方长度为 60m，挡墙前方长度为 32m，桩基位于挡墙后方 3m 处，挡墙前方自由水体深度为 7m。在平面应变条件下，土单元被限制生成纯剪特性。模型中出平面厚度足够厚（本模型中为 50m），以模拟自由场的特性，且不被桩的嵌固效应影响。

模型中采用弹性梁柱单元模拟桩基，上部结构采用作用在桩顶的集中质量模拟，并考虑了 P-delta 效应。桩单元与土单元在水平和竖直方向分别采用 $p-y$、$t-z$ 连接，桩底与基底铰接。$p-y$、$t-z$ 弹簧能够模拟自由场土体与桩之间的相互作用，且该弹簧能够允许桩与土体之间发生较大的相对位移，能够在二维模型中近似模拟土体绕桩流动的三维效应。

7.2.3　土体参数

模型中土体采用二维四边形水土耦合单元（quadUP）模拟，该单元耦合了土颗粒位移 u 和孔压 p，采用两种多屈服面本构模型模拟土体，即砂土采用 PDMY 模拟，黏土采用 PIMY 模拟。砂土模型（PDMY）的屈服准则采用一系列圆锥屈服面描述。模型采用非关联流动法则，能够模拟剪切变形引起的体积膨胀与剪缩。硬化准则为纯偏运动硬化。模型中的应力与应变响应能够很好的模拟粒状材料在循环荷载作用下的剪胀与剪缩以及孔压增长。黏土模型（PIMY）体应力-应变响应为线弹性且与偏应变响应无关，塑性仅表现在偏应力-应变响应，该模型同样基于多屈服面概念提出，屈服面形状为冯·米塞斯型，采用关联流动法则。

参数分析中场地液化与非液化两种工况主要通过设置土体单元的排水条件来实现。对于非液化工况，有限元模型中将土体单元每个节点的孔压自由度进行固定，排水条件设置为完全排水，因此在地震过程中不会产生超孔压的积累，不会发生场地液化。

震害调查表明，上覆非液化土层的强度会影响液化侧扩流场地中作用在桩上的侧向流动荷载的大小，当上覆非液化土层强度较大时，则作用在桩上的侧向荷载将显著增大。本章通过改变上覆黏土层的不排水抗剪强度，研究黏土层强度对惯性荷载与运动荷载相位关系的影响，参数分析中共分析了三种强度的黏土，即软黏土、中硬黏土和硬黏土，其不排水抗剪强度分别为 6kPa、74kPa 和 300kPa。

7.2.4　桩的参数

有限元模型中，桩基采用 OpenSees 材料库中的弹性梁柱单元模拟，在地震作用下一直保持弹性。上部结构以集中质量的形式施加在桩顶。

通过第 5 章的分析可以发现，桩基的刚度显著影响液化侧扩流场地中桩-土-上部结构惯性荷载与运动荷载的相位关系与荷载组合方式。对于刚性桩而言，惯性荷载与运动荷载趋于同相作用，且在同一时刻达到响应峰值；而对于柔性桩，惯性荷载与运动荷载反相作用，惯性荷载在振动过程中达到峰值，而运动荷载在振动结束之后，土体侧向位移最大时达到峰值。本章针对桩的刚度对惯性荷载与运动荷载相位关系的影响开展更为详细的研究，共分析四种工况，即刚度分别为 $13.7kN/m^2$，$693.3kN/m^2$，$8569.1kN/m^2$ 和 $66119.4kN/m^2$。

数值模型中上部结构的模拟仅考虑其惯性效应，采用在桩顶施加集中质量的方式实现。为上部结构质量对惯性荷载与运动荷载相位的影响，将上部结构质量对应荷载比设置为 0.5％、1％、2％ 和 4％。

地面以上桩的长度影响桩-土体系的周期，进而可能会影响惯性荷载与运动荷载的相位关系及其组合方式，本章拟分析地表以上桩的长度分别为 0m，5m，8m 和 11m 的四种工况。

7.2.5 土弹簧

本章模型中采用两种桩土界面弹簧连接土体单元与桩单元，即水平向和竖直向弹簧。土弹簧由弹性部分、塑性部分、脱离部分和阻尼器组成，能够模拟桩土之间相对大位移。$p-y$ 和 $t-z$ 弹簧采用 OpenSees 材料库中的 PYliq1 和 TZliq1 材料模拟，该材料能够基于其相邻土单元的有效应力更新承载力和刚度，因此该弹簧能够模拟由于土中超孔压引起的刚度与强度瞬时丧失现象。需要指出的是，在黏土强度参数分析中，不同的黏土强度对应的 $p-y$ 和 $t-z$ 弹簧参数不同。

7.3 惯性荷载与运动荷载相位关系影响因素分析

强震作用下液化侧扩流场地桩-土-上部结构体系的惯性效应与运动效应受场地条件、桩基特性、上部结构质量以及地震动特性等因素的影响，本节通过研究不同影响因素，系统分析液化侧扩流场地中运动荷载与惯性荷载的相位关系，并通过分析桩基与土体的相对位移，尝试性地分析造成液化侧扩流场地中惯性荷载与运动荷载相位同相或反相的原因。所研究的影响因素主要包括：桩基刚度、上部结构质量、土体强度、桩基长度以及场地是否液化。

7.3.1 桩基刚度的影响

基于有限元方法，通过改变桩基惯性矩的方法改变桩基刚度，进而研究桩基刚度对液化侧扩流场地中桩-土-结构体系惯性荷载与运动荷载的相位关系。采用有限元方法分析了四种不同桩基刚度，分别为 $13.7kN/m^2$、$693.3kN/m^2$、$8569.1kN/m^2$ 以及 $66119.4kN/m^2$，分别对应直径为 0.3m、0.8m、1.5m 和 2.5m 的混凝土桩（通常桩基对混凝土的强度要求较高，本书选取强度等级为 C50 的混凝土，其抗压强度设计值为 23.1MPa，弹性模量为 34.5GPa），在计算分析过程中，其他参数保持不变。分析模型中上部结构质量为 16.6t（对应直径为 0.3m 混凝土桩的荷载比为 0.1，桩基设计中需满足正截面受压承载力的要求，据此选取合理的荷载比，反算上部结构质量）；黏土层采用软土的参数（见 5.2.2 节），桩基长度为 23m，其中地表以上桩的长度为 2m，基底输入地震动为 El Centro 波（EW 方向）。在本节分析模型中，未提及的参数以及建模方法均与基准模型（见第 4 章）完全相同。

图 7-1 为四种不同桩基刚度情况下惯性荷载与运动荷载相位关系示意图，其中图 7-1（a）～（d）为地震过程中整体运动荷载与惯性荷载的时程响应，图 7-1（e）～（h）为局部放大图（4～10s，该阶段荷载反应加大）。由图 7-1（a）和（e）可以看出，对于刚度较小的桩基，在整个地震过程中，惯性荷载与运动荷载相位相反，即惯性荷载（或运动荷载）达到正向（或负向）峰值时刻，运动荷载（或惯性荷载）达到负向（或正向）峰值。随着桩基刚度逐渐增大，桩的惯性荷载与运动荷载逐渐趋于同相。例如，对于刚度为 8569.1kN/m² 的桩基，在振动前期桩基惯性荷载与运动荷载相位呈现反相，而在 14s 以后惯性荷载与运动荷载相位基本一致［图 7-1（c）和（g）］；对于刚度为 66119.4kN/m² 的桩，在整个地震过程中，桩-土-上部结构体系的惯性荷载与运动荷载相位完全相同。由上述分析可以得出，对于柔性桩，惯性荷载与运动荷载趋于反相，两者相互抵抗；对于刚性桩，惯性荷载与运动荷载表现出同相特性，在地震过程中惯性荷载与运动荷载起叠加效应。

图 7-2 分别为四种不同桩基刚度情况下惯性荷载和运动荷载对比图，其中图 7-2（a）和（b）分别为惯性荷载与运动荷载在地震过程中完整时程反应，图 7-2（c）和（d）分别为惯性荷载与运动荷载的局部放大图（4～10s）。由图 7-2 可以看出，桩基刚度不但影响惯性荷载与运动荷载的大小，而且影响桩的频谱响应。即随着桩基刚度的增大，桩基上部结构引起的惯性荷载和土体侧向流动产生的运动荷载逐渐增大；随着桩基刚度的增大，桩的惯性荷载响应周期被"压缩"（峰值出现时刻逐渐提前），运动荷载响应周期同样出现被"压缩"的现象，但惯性荷载与运动荷载周期被"压缩"的幅度并不一致。

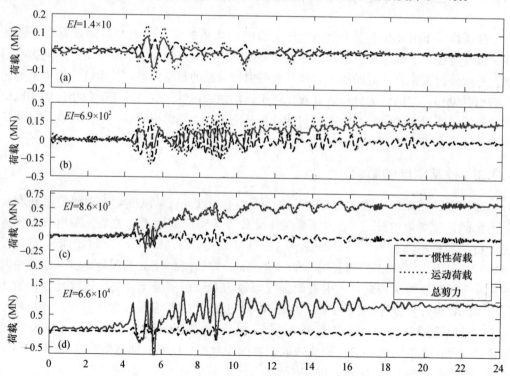

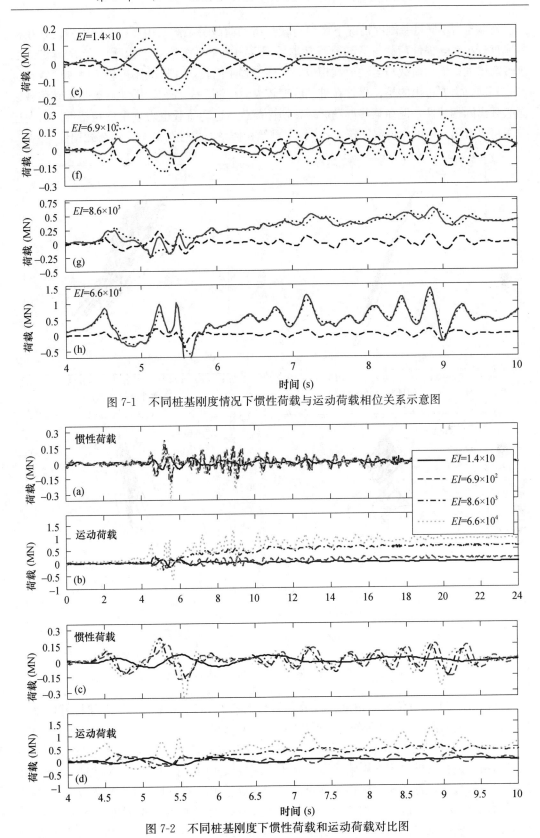

图 7-1　不同桩基刚度情况下惯性荷载与运动荷载相位关系示意图

图 7-2　不同桩基刚度下惯性荷载和运动荷载对比图

图 7-3 为不同桩基刚度情况下惯性荷载与运动荷载关系图。由图 7-3 可以看出，在桩的刚度较小时，惯性荷载与运动荷载基本呈现反相关系（相位基本相反），而随着桩的刚度逐渐增大，惯性荷载与运动荷载相位关系逐渐趋于同相，在桩的刚度较大时，两者相位基本相同。需要指出的是，尽管在桩基刚度较大时［图 7-3 (c)］，惯性荷载与运动荷载逐渐表现出同相特性，但在某些振动循环，惯性荷载与运动荷载也表现出反相特性。由上述分析可以看出，桩的刚度显著影响桩-土-上部结构体系的惯性荷载与运动荷载相位关系。

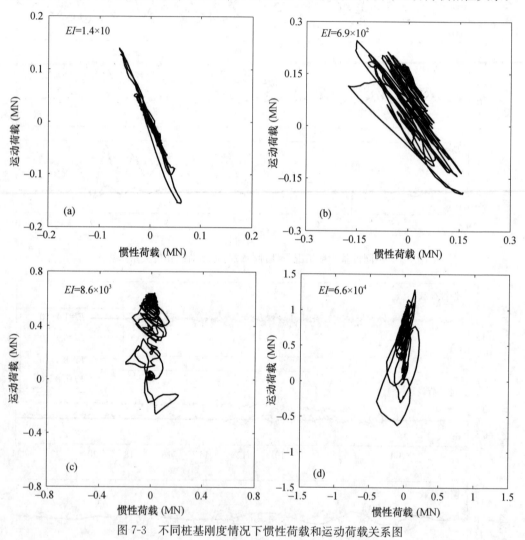

图 7-3　不同桩基刚度情况下惯性荷载和运动荷载关系图

下面从桩-土相对位移的角度尝试分析惯性荷载与运动荷载相位关系随桩基刚度产生变化之间的联系。图 7-4 不同桩基刚度下为桩土位移和与荷载时程曲线对比图，由图 7-4 可以看出，桩基和土的侧向位移在振动过程中首先逐渐增大，然后逐渐稳定；而桩-土之间相对位移受桩基刚度影响显著，在桩基刚度较小时，桩土相对位移趋于负值，在桩基刚度较大时，桩土相对位移呈现正值，即在桩基刚度较小时，土体位移大于桩的位移，而在桩基刚度较大时，桩的位移大于土体位移。对于刚度较小的桩［图 7-4 (a)］，桩的最大响应出现在振动过程中，此时，桩土相对位移为负，即土的位移小于桩的位移，土体侧向流动对桩的作用力为"抵抗力"；在（5.2±0.5）s，桩土相对位移为负，在此时间段内，作用在桩上的惯性荷载达到正向最大值，而作用在桩上的运动荷载达到负向最大值，惯性荷载与运动荷载呈现反相特性，两者起相互抵消作用。但由于运动荷载对桩基响应起控制性作用，因此在此时刻达到最大值。由此可以看出，对于柔性桩而言，在关键荷载时刻，惯性荷载与运动荷载起抵消作用，且此时桩的位移大于土体位移，土体侧向流动对桩起抵抗作用。

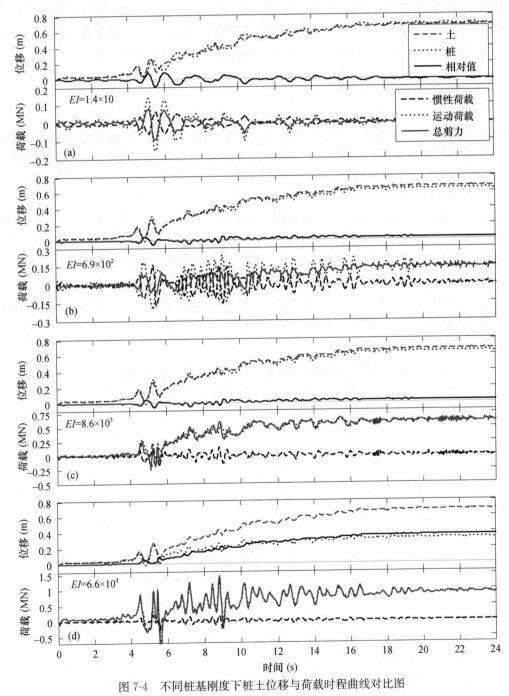

图 7-4　不同桩基刚度下桩土位移与荷载时程曲线对比图

对于刚度较大的桩［图 7-4（d）］，桩的最大响应出现在振动过程中（约 8.7s），在整个振动过程中，桩-土相对位移一直保持正值，即土的位移大于桩的位移，土体侧向流动对桩的作用力为"驱动力"；在 8.7s 左右（桩基响应的第二峰值）惯性荷载达到正向最大值，而此时桩的运动荷载也达到瞬时峰值，惯性荷载与运动荷载起叠加作用；在桩基响应最大时刻，惯性荷载与运动荷载都达到瞬时峰值，且两者起叠加作用，桩基的最大响应受惯性荷载与运动荷载共同控制。对于刚性桩而言，在桩基响应峰值时刻，桩土相对位移为正，即土体侧向位移大于桩的侧向位移，土体侧向流动为桩基的"驱动力"。桩的最大响应受惯性荷载与运动荷载共同控制，设计过程中需要考虑惯性荷载与运动荷载的共同作用，仅考虑运动荷载或者惯性荷载都将低估桩的响应。

7.3.2 上部结构质量的影响

由 7.3.1 节可以看出，桩基刚度对惯性荷载和运动荷载的相位关系存在显著影响，本节分别研究刚桩（刚度为 66119.4kN/m²，对应直径为 2.5m 的钢筋混凝土桩）和柔桩（693.3kN/m²，对应直径为 0.8m 的钢筋混凝土桩）两种工况下，上部结构质量对桩基惯性荷载和运动荷载相位关系的影响。根据《建筑桩基技术规程》，钢筋混凝土桩轴心受压桩正截面承载力应满足其抗压强度的要求，并考虑成桩工艺的差异。当高承台基桩、桩身穿越可液化土或不排水抗剪强度小于 10kPa 的软弱土层的基桩，应考虑压屈影响，对桩身正截面受压承载力进行折减，折减系数根据桩身的压屈计算长度和桩的设计直径确定。为使得上部结构质量满足上述要求，取桩基荷载比分别为 0.5%、1%、2%和 4%，对于直径为 2.5m、混凝土强度等级为 C50 的混凝土桩，其上部结构质量分别为 58t、116t、231t 和 462t；对于直径为 0.8m、混凝土强度等级为 C50 的混凝土桩，其上部结构质量分别为 5.9t、11.8t、23.7t 和 47.3t。

7.3.2.1 刚桩响应

图 7-5 为四种不同上部结构质量情况下惯性荷载与运动荷载相位关系示意图，其中图 7-5（a）~（d）为地震过程中运动荷载与惯性荷载的时程响应，图 7-5（e）~（h）为局部放大图（4~10s，该阶段荷载反应加大）。需要指出的是，本节研究中仅考虑上部结构质量的差异，其他参数与基准模型保持一致，且在数值模型中考虑了 p-y 效应。由图 7-5（a）和（e）可以看出，对于上部结构质量较小的桩基，在整个地震过程中，惯性荷载与运动荷载相位基本相同，即惯性荷载（或运动荷载）达到正向（或负向）峰值时刻，运动荷载（或惯性荷载）也达到正向（或负向）峰值。随着桩基上部结构质量的逐渐增大，地震过程中桩的惯性荷载与运动荷载逐渐相位关系逐渐出现差异，表现出反相特性［图 7-5（d）和（h）］。

由上述分析可以得出，对于上部结构质量较大的桩基，惯性荷载与运动荷载相位关系趋于反相，在振动过程中两者相互抵抗；对于上部结构较小的桩基，惯性荷载与运动荷载相位关系表现出同相特性，在地震过程中惯性荷载与运动荷载起叠加效应。

图 7-6 分别为四种不同上部结构质量情况下惯性荷载和运动荷载对比图，其中图 7-6（a）和（b）分别为地震过程中惯性荷载与运动荷载完整的时程反应，图 7-6（c）和（d）分别为惯性荷载与运动荷载反应较大时间段（4~10s）的局部放大图。由图 7-6 可以看出，上部结构质量显著影响惯性荷载与运动荷载的大小，具体表现为，随着上部

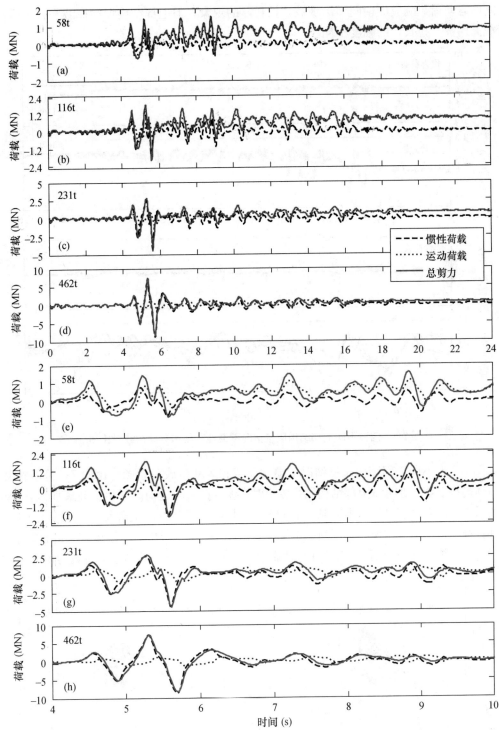

图 7-5　四种不同上部结构质量情况下惯性荷载与运动荷载相位关系示意图

结构质量的增大，惯性荷载与运动荷载峰值逐渐增大，且上部结构对惯性荷载峰值响应的影响更为显著。此外，上部结构质量的变化能够影响桩的频谱响应。即随着桩基上部结构质量的增大，桩的惯性荷载响应周期被"拉长"（峰值出现时刻逐渐延后），桩-土之间的运动荷载响应周期同样出现被"拉长"的现象，但上部结构惯性荷载与桩土运动荷载周期被"拉长"的幅度不同。

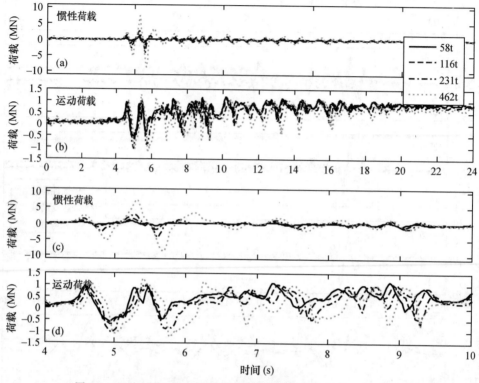

图 7-6　四种不同上部结构质量情况下惯性荷载和运动荷载对比图

图 7-7 为不同上部结构质量情况下惯性荷载和运动荷载关系图，由图 7-7 可以看出，从整体趋势上看，在桩基上部结构质量较小时，惯性荷载与运动荷载相位关系基本呈现同相关系（即两者峰值时刻基本一致，且符号相同），而随着桩的上部结构质量逐渐增大，惯性荷载与运动荷载相位关系逐渐趋于反相。由图 7-7 可以看出对于刚度较大的桩，上部结构质量对桩-土-上部结构体系存在显著影响，影响体系惯性荷载与运动荷载的相位关系。

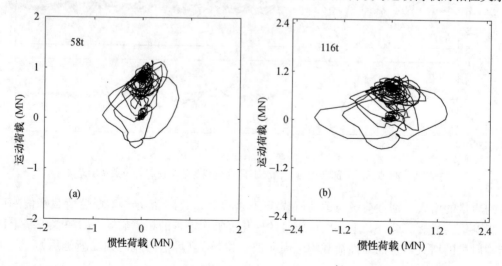

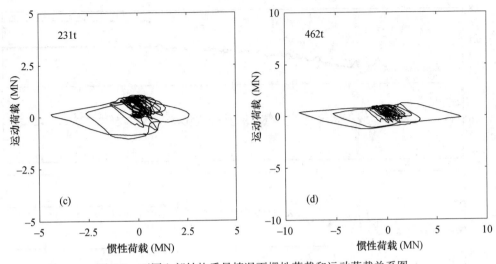

图 7-7　不同上部结构质量情况下惯性荷载和运动荷载关系图

由不同上部结构质量桩基的惯性荷载与运动荷载响应可以看出，桩的上部结构质量显著影响桩-土-上部结构体系的惯性荷载与运动荷载相位关系。图 7-8 为不同上部结构质量下桩土位移与荷载时程曲线对比图，主要包括土的位移、桩的位移、桩-土相对位移、惯性荷载、运动荷载以及作用在桩上的总荷载。由图 7-8 可以看出，振动过程中桩、土以及桩-土相对位移逐渐增大，然后逐渐稳定，且除某些特定时刻外，土体侧向位移要大于桩的位移；当桩的上部结构质量较小时，桩土相对位移基本保持为正（即桩的侧向位移大于土体侧向位移），而当桩的上部结构质量较大时，在关键荷载时刻（桩的总剪力最大时刻），桩土相对位移为负值（即桩的位移大于土体位移）。

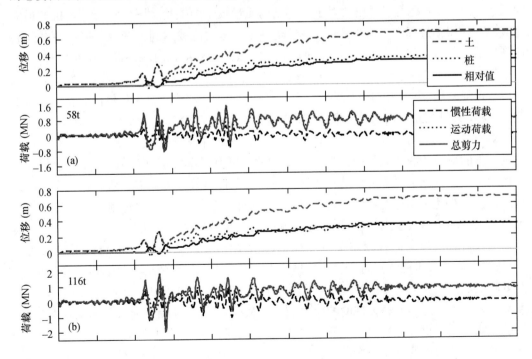

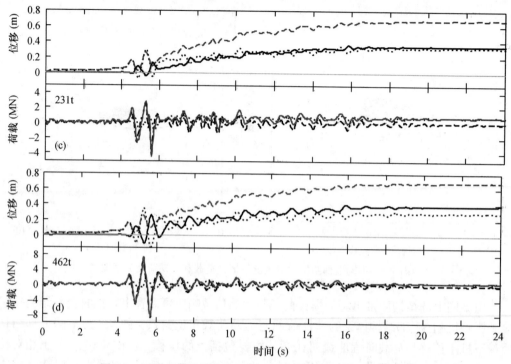

图 7-8　不同上部结构质量下桩土位移与荷载时程曲线对比图

　　由上述分析可以发现，桩的上部结构质量显著影响惯性荷载与运动荷载相位关系，其主要原因是上部结构质量改变了体系的频谱响应特性。由于很难对频谱特性进行定量界定，因此，在设计过程中无法使用。下面尝试分析桩土相对位移与荷载相位关系之间的联系。由图 7-8 还可以看出，对于上部结构质量较小的桩基［图 7-8（a）］，桩的最大响应出现在振动过程中（约为 8.7s），在此时刻，运动荷载达到其峰值，惯性荷载达到局部峰值（非最大值），两者相位相同，起叠加效应。对应该时刻，桩土相对位移为正，即土的位移大于桩的位移，土体侧向流动对桩的作用力为"驱动力"。说明惯性荷载与运动荷载相位关系与桩土相对位移关系紧密，当桩土相对位移为正（土体侧向位移大于桩的侧向位移，即土推桩）时，桩土惯性荷载与运动荷载趋于同相，两者起叠加作用。

　　对于上部结构质量较大的桩［图 7-8（d）］，桩的最大响应出现在 5.2s 左右，在此时刻，桩的惯性荷载达到其最大值，运动荷载达到其局部峰值（负值），两者起相互抵消作用。由于在此工况下上部结构惯性荷载为控制性荷载，远大于运动荷载响应，因此桩的总剪力在此时刻达到峰值。观察桩土相对位移可以看出，在此时刻，桩土相对位移为负值（桩的位移大于土体位移），土体侧向流动对桩的作用力为约束力。由此可以得出，惯性荷载与运动荷载相位关系与桩-土相对位移关系紧密，当桩-土相对位移为负（土体侧向位移大于桩的侧向位移，即桩推土）时，桩土惯性效应与运动荷载趋于反相，两者起抵消作用。但需要注意的是，在某些极端工况下［如图 7-8（d）所示工况，桩的惯性荷载远大于运动荷载，桩的响应由惯性荷载控制］，即使惯性荷载与运动荷载反相，桩的总响应同样也可能达到其峰值。这一工况也表明，在桩基上部结构质量很大时，液化侧扩流场地中桩的反应受惯性荷载控制，在设计过程中应当考虑惯性荷载对桩基响应的影响。

7.3.2.2　柔桩响应

图 7-9 为不同上部结构质量情况下惯性荷载与运动荷载相位关系示意图,其中图 7-9 (a)～(d) 为地震过程中运动荷载与惯性荷载的时程响应,图 7-9 (e)～(h) 为局部放大图。分析中仅改变上部结构质量,其他参数保持一致,且桩基上部结构质量对应的荷载比与刚桩工况相同。由图 7-9 可以看出,在整个地震过程中,惯性荷载与运动荷载相位基本相异,即惯性荷载(或运动荷载)达到正向(或负向)峰值时刻,运动荷载(或惯性荷载)达到负向(或正向)峰值。随着桩基上部结构质量的逐渐增大,桩的惯性荷载与运动荷载相位关系并未发生改变,都表现出反相特性[图 7-9 (d) 和 (h)]。由上述现象可以得出,对于刚度较小的桩基,惯性荷载与运动荷载相位关系基本不受上部结构质量影响,相位关系趋于反相,地震过程中惯性荷载与运动荷载相互抵抗。

图 7-10 分别为柔性桩四种不同上部结构质量情况下惯性荷载和运动荷载对比图,其中图 7-10 (a) 和 (b) 分别为惯性荷载与运动荷载地震过程中完整时程响应,图 7-10 (c) 和 (d) 分别为惯性荷载与运动荷载的局部放大图。由图 7-10 可以看出,上部结构质量显著影响惯性荷载与运动荷载的大小。其具体表现为,随着上部结构质量的增大,惯性荷载与运动荷载峰值逐渐增大,且上部结构对惯性荷载峰值响应的影响更为显著。此外,上部结构质量的变化,还影响桩的频谱响应,即随着桩基上部结构质量的增大,桩的惯性荷载响应周期被"拉长"(峰值出现时刻逐渐延后),桩-土之间的运动荷载响应周期同样出现"拉长"的现象,但与刚性桩不同的是,柔性桩惯性荷载与运动荷载周期被"拉长"的幅度基本相同。

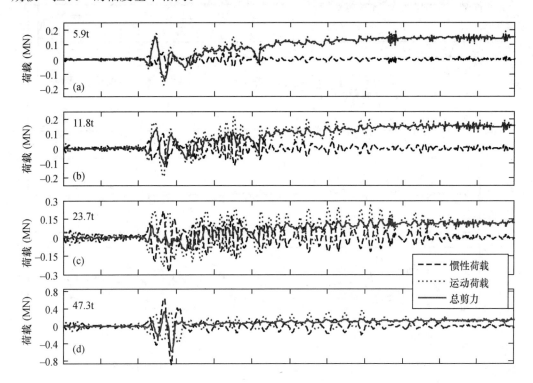

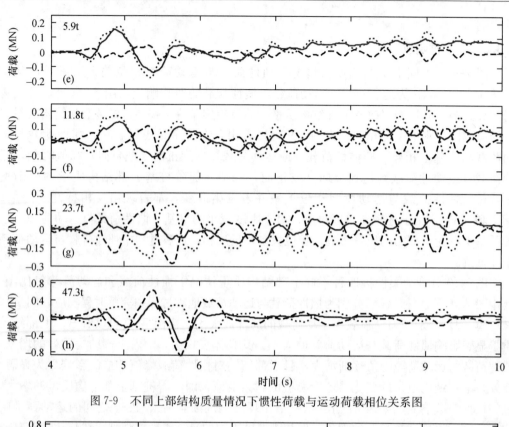

图 7-9　不同上部结构质量情况下惯性荷载与运动荷载相位关系图

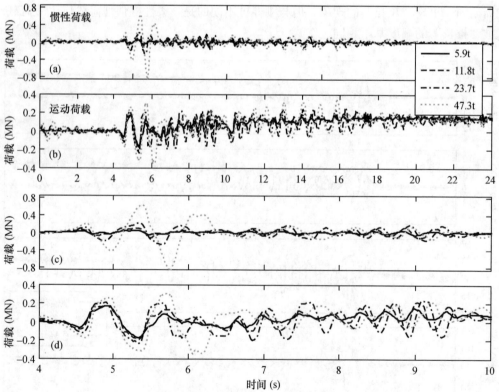

图 7-10　不同上部结构质量情况下惯性荷载和运动荷载对比图

图 7-11 为不同上部结构质量情况下惯性荷载与运动荷载关系图,由图 7-11 可以看出,从整体趋势上看,惯性荷载与运动荷载相位关系基本呈现反相关系(即两者峰值时刻基本一致,且符号相反),并不随上部结构质量的变化而变化。由上述分析结果可以得出,对于柔性桩而言,上部结构质量影响对体系桩土惯性荷载与运动荷载的相位关系影响不大,都表现为反相特性。但需要指出的是,上部结构质量会显著影响桩-土-上部结构体系的动力响应。由上述可以看出,对于刚度较小的柔性桩而言,桩的上部结构质量对桩-土-上部结构体系的惯性荷载与运动荷载相位关系影响不大。下面分析荷载相位关系与桩土相对位移之间的联系。

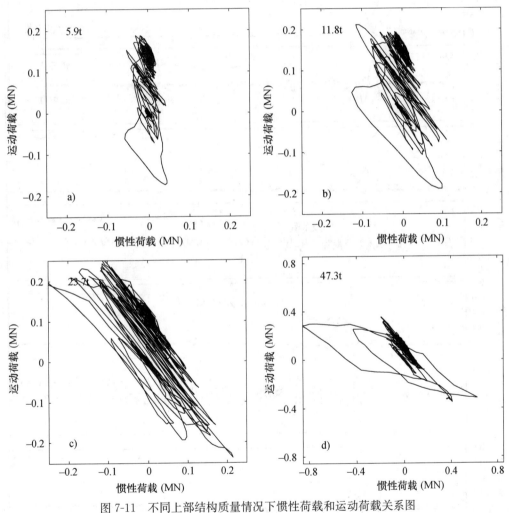

图 7-11 不同上部结构质量情况下惯性荷载和运动荷载关系图

图 7-12 为不同上部结构质量情况下桩土位移和桩的荷载时程曲线对比图,主要包括土的位移、桩的位移、桩-土相对位移、惯性荷载、运动荷载以及作用在桩上的总剪力。由图 7-12 可以看出,振动过程中桩土的侧向位移先逐渐增大然后逐渐稳定,桩土相对位移在振动过程中变化不大,在零线附近振荡;在关键荷载时刻(作用在桩上的剪力最大时刻),桩土相对位移为负值(即桩的位移大于土体位移)。由图 7-12 可以看出,对于上部结构质量较小的桩基 [图 7-12 (a)],桩的最大响应出现在振动过程结束后,在此时刻运

141

动荷载达到其峰值，惯性荷载为零，桩基响应受运动荷载控制。基于上述可以得出，对于液化侧扩流场地中上部结构质量较小的柔性桩基，桩基设计过程中可以忽略上部结构惯性影响，仅考虑液化侧扩流场地中土体的侧向流动效应。惯性荷载最大值出现在地震过程中，对应该时刻，桩土相对位移为负值，即土的位移小于桩的位移，土体侧向流动对桩的作用力为"约束力"，惯性荷载与运动荷载相位关系为反相，两者起相互抵消作用。因此，尽管在此时刻桩的惯性响应达到峰值，但对应时刻桩的总体响应仍相对较小。

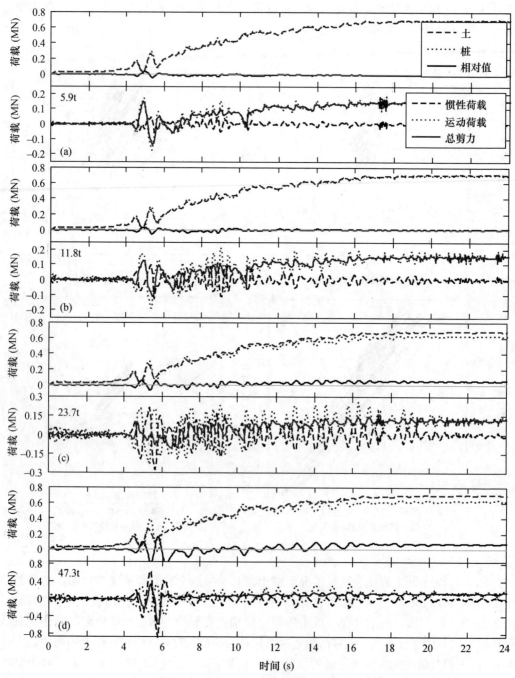

图 7-12　不同上部结构质量情况下桩土位移和桩的荷载时程曲线对比图

对于上部结构质量较大的桩〔图 7-12（d）〕，桩的最大响应出现在 5.6s 左右，在此时刻，桩的惯性荷载达到其最大值（正向），运动荷载达到其局部峰值附近（负向），两者起相互抵消作用，但由于在此工况下上部结构惯性荷载为控制性荷载，远大于运动荷载响应，因此总剪力在此时刻达到峰值。观察桩土相对位移可以看出，在此时刻，桩土相对位移为负值（桩的位移大于土体位移），即土体侧向流动对桩的作用力为"约束力"。由此可以看出，惯性荷载与运动荷载相位关系与桩土相对位移关系紧密，当桩土相对位移为负（土体侧向位移大于桩的侧向位移，即桩推土）时，桩土惯性效应与运动荷载趋于反相，两者起抵消作用。但需要注意的是，在某些极端工况下〔如图 7-12（d）所示工况，桩的惯性荷载远大于运动荷载，桩的响应由惯性荷载控制〕，即使惯性荷载与运动荷载反相，桩的总响应仍可能在峰值惯性荷载时刻达到其峰值。这一工况也表明，在桩基上部结构质量很大时，液化侧扩流场地中桩的响应受惯性荷载控制，在设计过程中应当考虑惯性荷载对桩基响应的影响。

7.3.3　土体强度的影响

为研究上覆黏土层强度对液化侧扩流场地中桩-土-结构体系惯性荷载与运动荷载的相位关系的影响，采用有限元法分析了三种不同强度的土体，分别软土、中硬土和坚硬土，其对应的不排水抗剪强度 c_u 分别为 6kPa、74kPa 和 300kPa。该分析工况中桩基采用刚桩，其抗弯刚度 $EI=66119kN/m^2$，桩基长度为 23m，其中地表以上桩的长度为 2m，基底输入地震动为 El Centro 波（EW 方向）。在本节分析模型中，未提及的参数以及建模方法与基准模型（见第 4 章）完全相同。

图 7-13 为三种不同黏土层强度情况下惯性荷载与运动荷载相位关系示意图，其中图 7-13（a）～（c）为地震过程中整体运动荷载与惯性荷载的时程响应，图 7-13（d）～（f）为 4～10s 的局部放大图。由图 7-13（a）和（d）可以看出，当上覆黏土层强度较小时，在整个地震过程中惯性荷载与运动荷载相位基本相同，即惯性荷载（或运动荷载）达到正向（或负向）峰值时刻，运动荷载（或惯性荷载）同样也达到正向（或负向）峰值。随着黏土层强度的逐渐增大，桩的惯性荷载与运动荷载逐渐趋于反相。对于上覆土层为硬黏土层的工况〔图 7-13（a）和（f）〕，在整个地震过程中，桩-土-上部结构体系的惯性荷载与运动荷载相位完全相反。由上述分析可以得出，当上覆黏土层强度较小时，惯性荷载与运动荷载趋于同相，两者起叠加效应；黏土层强度较大时，惯性荷载与运动荷载表现出反相特性，在地震过程中惯性荷载与运动荷载起抵消效应。

图 7-14 分别为三种不同上覆黏土层强度情况下惯性荷载和运动荷载对比图，其中图 7-14（a）和（b）分别为地震过程中惯性荷载与运动荷载完整时程响应，图 7-14（c）和（d）分别为惯性荷载与运动荷载 4～10s 局部放大图。由图 7-14 可以看出，上覆黏土层强度不但影响惯性荷载与运动荷载的大小，而且影响桩-土体系的频谱响应。即随着上覆黏土层强度的增大，桩基上部结构引起的惯性荷载逐渐减小，而土体侧向流动产生的运动荷载逐渐增大；随着上覆黏土层强度的增大，桩的惯性荷载反应周期被"压缩"（峰值出现时刻逐渐提前），运动荷载反应周期出现被"拉长"的现象。

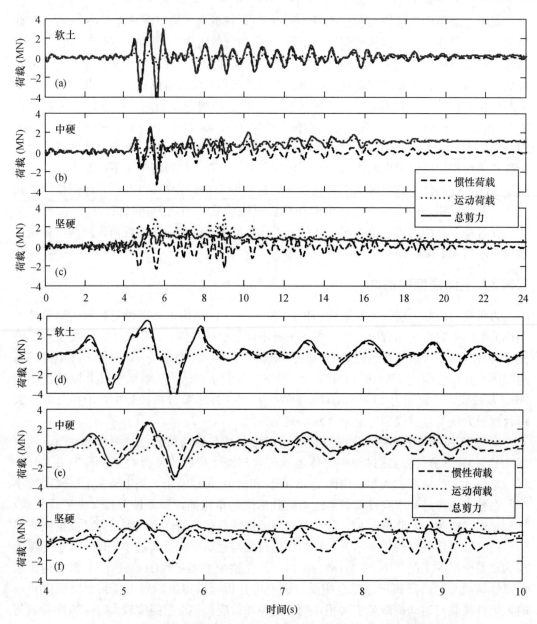

图 7-13　三种不同黏土层强度情况下惯性荷载与运动荷载相位关系示意图

　　图 7-15 为不同上覆黏土层强度情况下惯性荷载与运动荷载关系图，由图 7-15 可以看出，从整体趋势上看，在黏土层强度较小时，惯性荷载与运动荷载基本呈现同相关系（相位基本相同），而随着黏土层强度的逐渐增大，惯性荷载与运动荷载相位关系逐渐趋于反相。

　　由上述分析可以看出，上覆黏土层强度显著影响桩-土-上部结构体系的惯性荷载与运动荷载相位关系。下面从桩土相对位移的角度尝试分析惯性荷载与运动荷载相位关系随上覆黏土层强度产生变化的原因。图 7-16 为不同黏土层强度情况下桩土位移与荷载时程曲线对比图。由图 7-16 可以看出，地震过程中桩土体侧向位移首先增大然后逐渐

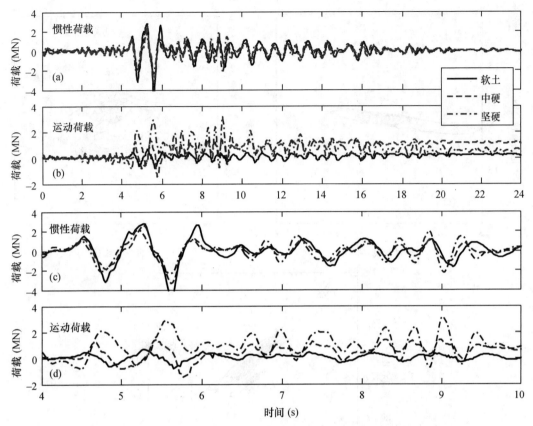

图 7-14　三种不同上覆黏土层强度情况下惯性荷载和运动荷载对比图

稳定；除某些特定时刻外，桩-土相对位移都为正值，即土体侧向位移大于桩的位移。还可以看出，随着上覆黏土层强度的增大，土体侧向位移逐渐减小；由于上覆黏土层土体强度的增大，土体对地震波的放大效应逐渐减弱，土体对桩基的约束作用变强，导致上部结构惯性荷载显著减小。

对于上覆黏土层强度较小的工况 ［图 7-16 (a)］，桩的最大响应出现在振动过程中（5.5s 左右），在此时刻，桩的上部结构惯性荷载达到峰值，运动荷载达到局部峰值，桩土相对位移为正（即土的位移大于桩的位移），土体侧向流动对桩的作用力为"驱动力"，惯性荷载与运动荷载起叠加效应。由此可以看出，对于上覆黏土层强度较小的工况，在关键荷载时刻，惯性荷载与运动荷载起叠加作用，且此时土体侧向位移大于桩的位移，土体侧向流动对桩起推动作用。

对于上覆黏土层强度很大的工况 ［图 7-16 (c)］，桩的最大响应同样出现在振动过程中（约 5.2s），但与振动结束之后桩基响应差别不大。除关键荷载循环外，在整个振动过程中，桩-土相对位移一直保持正值，即土的位移大于桩的位移，土体侧向流动对桩的作用力为"驱动力"；桩的总剪力反应受惯性荷载控制，在桩基响应最大时刻，惯性荷载与运动荷载都达到瞬时峰值，但方向相反，两者起抵消作用，对应时刻桩土相对位移为负值，即桩的位移大于土体侧向位移，土体侧向流动为桩基的"约束力"。

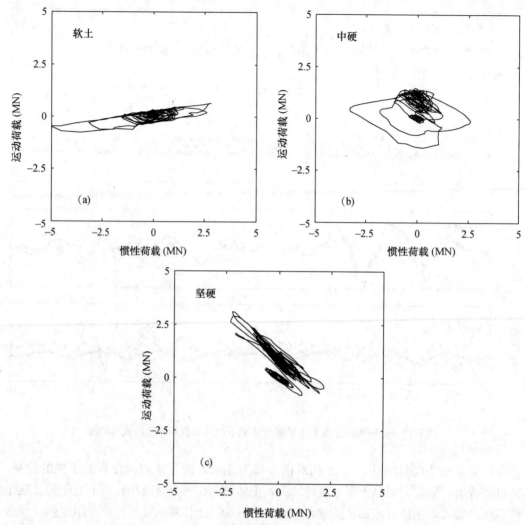

图 7-15　不同上覆黏土层强度情况下惯性荷载和运动荷载关系图

由上述分析可以看出，在关键荷载循环，当桩土相对位移为负值时，惯性荷载与运动荷载反相，惯性荷载与运动荷载起抵消作用；而当桩土相对位移为负值（即土推桩）时，惯性荷载与运动荷载趋于同相，两者起叠加作用。

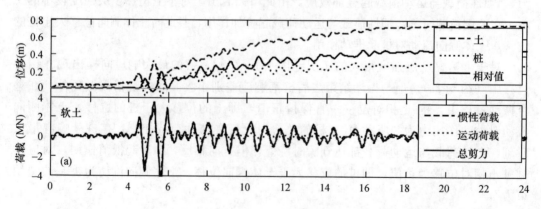

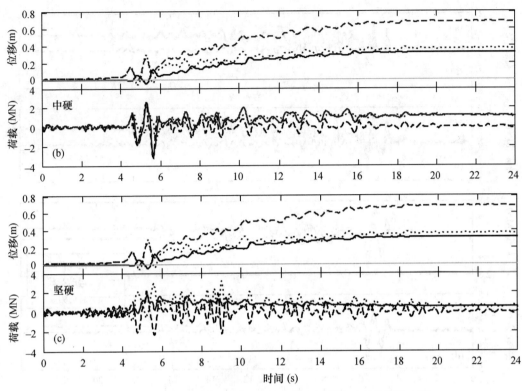

图 7-16　不同黏土层强度情况下桩土位移与荷载时程曲线对比图

7.3.4　桩长的影响

为了研究桩的长度对惯性荷载与运动荷载的相位关系的影响,采用有限元分析了四种不同的桩基长度,有限元模型中采用改变地表以上桩基场地的方式进行参数分析,地表以上桩基的长度分别为 0m、5m、8m 和 11m,地表以下桩基的长度相同,都为 21m。桩基刚度 $EI=66119kN/m^2$,上覆黏土层不排水抗剪强度为 36kPa,可液化砂土层与底部密室砂土层参数与基准模型参数完全相同。基底输入地震动为 El Centro 波(EW 方向)。在本节分析模型中,未提及的参数以及建模方法均与基准模型相同。

图 7-17 为不同桩基长度情况下惯性荷载与运动荷载相位关系示意图,其中图 7-17(a)～(d)为地震过程中运动荷载与惯性荷载的时程响应,图 7-17(e)～(h)为局部放大图。由图 7-17 可以看出,当桩的长度较小时,在整个地震过程中,惯性荷载与运动荷载相位相同,即惯性荷载(或运动荷载)达到正向(或负向)峰值时刻,运动荷载(或惯性荷载)同样也达到正向(或负向)峰值。而随着桩基长度的逐渐增大,桩的惯性荷载与运动荷载逐渐趋于反相。由上述分析可以得出,当桩基的长度较小时,惯性荷载与运动荷载趋于同相,惯性荷载与运动荷载起叠加效应;桩基长度较大时,惯性荷载与运动荷载表现出反相特性,在地震过程中惯性荷载与运动荷载起抵消效应。

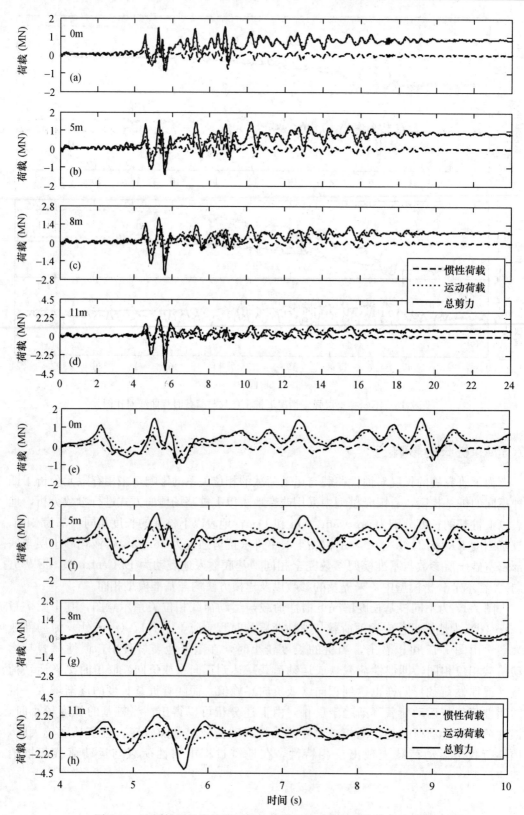

图 7-17 不同桩基长度情况下惯性荷载与运动荷载相位关系示意图

图 7-18 分别为不同桩基长度情况下惯性荷载和运动荷载对比图，其中图 7-18（a）和（b）分别为地震过程中惯性荷载与运动荷载完整时程响应，图 7-18（c）和（d）分别为惯性荷载与运动荷载局部放大图。由图 7-18 可以看出，桩基长度显著影响惯性荷载与运动荷载的大小和桩-土体系的频谱响应。即随着桩基长度的增大，桩基上部结构引起的惯性荷载和运动荷载逐渐增大；随着桩基长度的增大，桩的惯性荷载响应周期被"拉长"，桩-土之间的运动荷载响应周期同样出现被"拉长"的现象，但是对运动荷载响应周期影响更为明显。

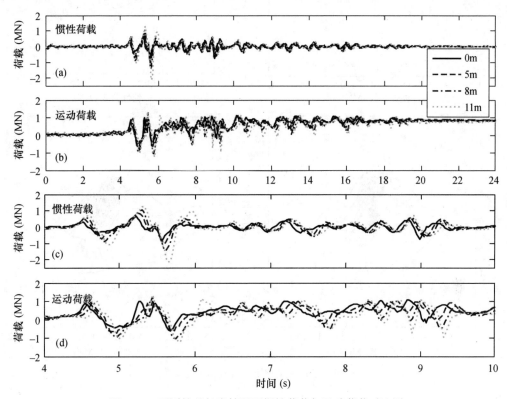

图 7-18　不同桩基长度情况下惯性荷载与运动荷载对比图

图 7-19 为不同桩基长度情况下惯性荷载与运动荷载关系图，由图 7-19 可以看出，从整体趋势上看，在桩基长度较小时，惯性荷载与运动荷载基本呈现同相关系（相位基本相同），而随着桩基长度的逐渐增大，惯性荷载与运动荷载相位关系逐渐趋于反相。

由上述分析可以看出，桩基长度会显著影响桩-土-上部结构体系的惯性荷载与运动荷载相位关系。下面分析桩-土之间的相对位移同惯性荷载与运动荷载相位关系之间的关系，为建立液化侧扩流场地桩基抗震设计方法提供依据。图 7-20 为不同桩基长度情况下桩土位移与荷载时程曲线对比图。由图 7-20 可以看出，桩的位移和土位侧向位移在地震过程中首先逐渐增大然后逐渐稳定，除某些工况的特定时刻外，桩土相对位移都为正值，即土体侧向位移要大于桩的位移。还可以看出，随着桩基长度的增大，土体侧向位移、桩的位移以及桩土相对位移变化并不明显。需要指出的是，在本节分析工况中记录的桩基位移、土体位移节点完全相同，都位于地表处。

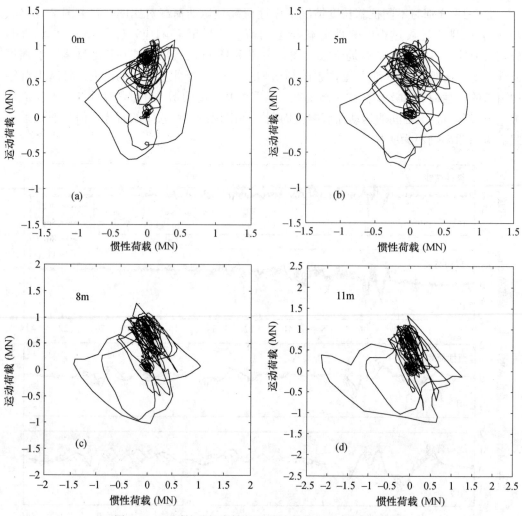

图 7-19　不同桩基长度情况下惯性荷载与运动荷载关系图

对于桩基长度较小的工况 [图 7-20（a）]，桩的最大响应出现在振动过程中（5.5s 左右）。在整个地震过程中桩-土相对位移一直保持正值，即土的位移大于桩的位移，土体侧向流动对桩的作用力为"驱动力"；在关键荷载循环桩的上部结构惯性荷载与运动荷载位于其峰值附近。由此可以看出，对于桩基长度较小的工况，在关键荷载时刻，惯性荷载与运动荷载起叠加作用，且此时土体侧向位移大于桩的位移，土体侧向流动对桩起推动作用。即在关键荷载循环，当土体位移大于桩的位移（土推桩）时，惯性荷载与运动荷载趋于同相，两种荷载起叠加效应。

对于桩基长度较大的工况 [图 7-20（d）]，桩的最大响应出现在振动过程中（约 5.7s）。桩的总体响应受惯性荷载控制，在桩基响应最大时刻，惯性荷载与运动荷载同时达到峰值，但方向相反，两者起抵消作用。由桩、土以及桩土相对位移时程可以看出，在关键荷载循环（桩的剪力响应最大的荷载循环），桩土相对位移为负值，即表现出"桩推土"的特性。由上述分析可以看出，桩土相对位移关系密切，当桩土相对位移为负时，惯性荷载与运动荷载趋于反相，惯性荷载与运动荷载起抵消作用。

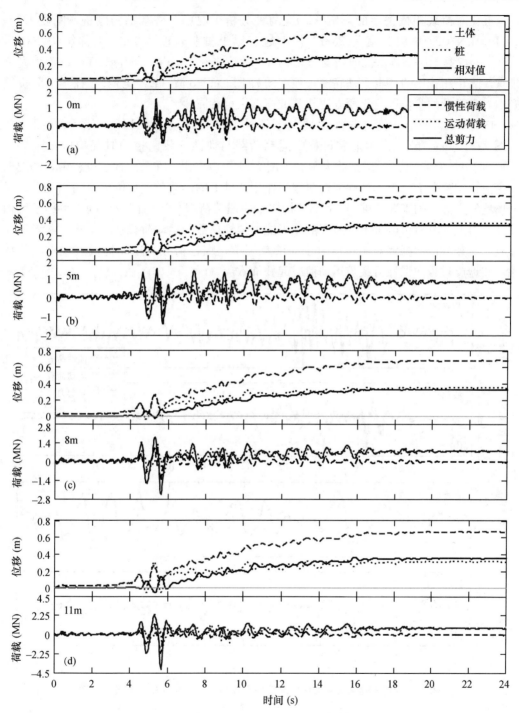

图 7-20 不同桩基长度情况下桩土位移与荷载时程曲线对比图

7.3.5 场地液化与非液化的影响

场地液化会显著改变场地的动力反应特性，进而影响场地中桩基的动力反应规律与荷载机制。下面通过比较液化与非液化场地中桩基惯性荷载与运动荷载时程曲线，分析场地液化对荷载相位关系的影响。在这两种分析工况中，桩基都为刚桩，刚度 $EI=$ 66119.4kN/m²，桩基长度为 23m，其中地表以上桩基长度为 2m，上部结构质量为 231t，上覆黏土层不排水抗剪强度为 36kPa。对于非液化工况，将土体节点设置为完全排水，防止超孔压的产生。基底输入地震动为 El Centro 波（EW 方向）。在本节分析模型中，未提及的参数以及建模方法与基准模型完全相同。

图 7-21 为场地液化与非液化情况下惯性荷载与运动荷载相位关系示意图，其中图 7-21（a）和（b）为地震过程中运动荷载与惯性荷载完整的时程响应，图 7-21（c）和（d）为 4~10s 的局部放大图。由图 7-21 可以看出，在整个地震过程中，场地未发生液化的情况下，上部结构惯性荷载与作用在桩上的运动荷载相位呈现同相关系；对于场地发生液化的工况，桩-土-上部结构体系的惯性荷载与运动荷载相位关系趋于反相关系。由上述分析可以得出，对于液化工况，惯性荷载与运动荷载趋于反相，两者相互抵抗，荷载效应起抵消作用；而对于非液化工况，惯性荷载与运动荷载表现出同相特性，在地震过程中惯性荷载与运动荷载起叠加效应。

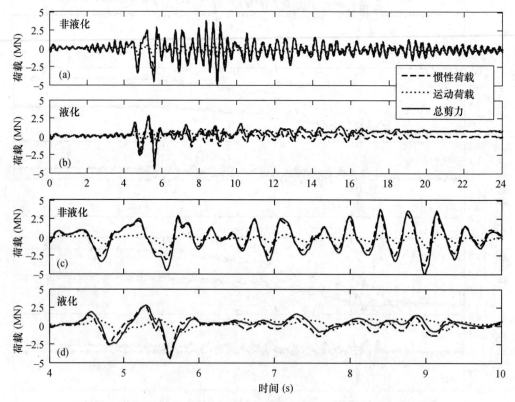

图 7-21　场地液化与非液化情况下惯性荷载与运动荷载相位关系示意图

图 7-22 为场地液化与非液化情况下惯性荷载和运动荷载对比图，其中图 7-22（a）和（b）分别为地震过程中惯性荷载与运动荷载完整时程响应，图 7-22（c）和（d）分别为惯性荷载与运动荷载局部放大图。由图 7-22 可以看出，场地液化显著影响惯性荷载与运动荷载的峰值与频谱响应。当场地发生液化时，由于场地的滤波作用，上部结构加速度响应显著减小，进而减小上部结构惯性响应；场地液化导致土体侧向位移的增

加，进而导致作用在桩上的运动荷载显著增加；由于场地液化对地震波高频成分的过滤作用，液化场地中桩基惯性响应与运动响应周期被明显"拉长"。

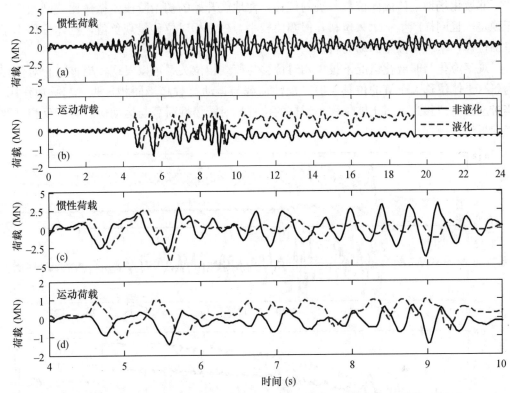

图 7-22　场地液化与非液化情况下惯性荷载和运动荷载对比图

图 7-23 为场地液化与非液化情况下惯性荷载与运动荷载关系图，由图 7-23 可以看出，对于本节研究的桩基而言，在场地发生液化时，惯性荷载与运动荷载基本呈现反相关系（相位基本相反），而对于非液化场地，惯性荷载与运动荷载相位关系逐渐趋于同相。

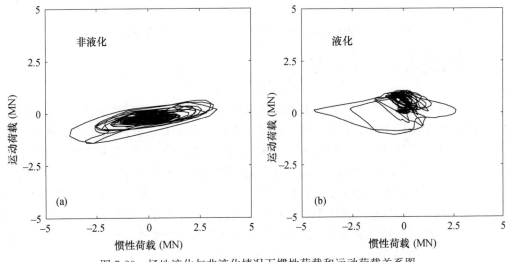

图 7-23　场地液化与非液化情况下惯性荷载和运动荷载关系图

图 7-24 为液化与非液化情况下桩土位移与荷载时程曲线对比图，由图 7-24 可以看出，对于液化场地桩的位移与土体侧向位移在振动过程中首先逐渐增大然后逐渐稳定；对于非液化场地土体侧向位移与桩的位移，在地震开始的初始阶段，振荡比较剧烈后趋于稳定，且同样产生了永久位移，但幅值较小，桩土相对位移呈现负值，土体位移小于桩的位移，呈现桩推土的动力特性。

观察液化与非液化情况下桩土相对位移与荷载相位关系可以发现，当桩土相对位移为正（土体位移大于桩的位移）时，惯性荷载与运动荷载趋于同相，两者起叠加作用；当桩土相对位移为负（土体位移小于桩的位移）时，惯性荷载与运动荷载趋于反相，两者起抵消作用。

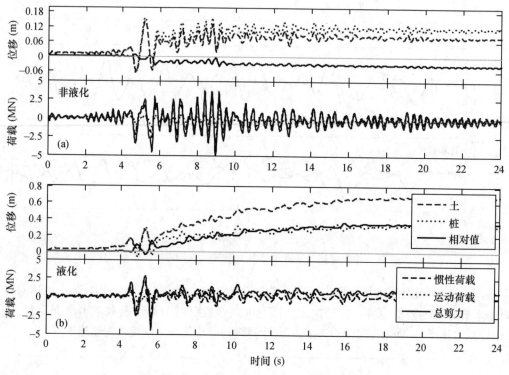

图 7-24　液化与非液化情况下桩土位移与荷载时程曲线对比图

7.4　本章小结

本章基于非线性动力有限元模型对液化侧扩流场地桩-土-上部结构体系进行参数分析，系统研究了不同工况下惯性荷载与运动荷载的相位关系。有限元模型主要包含桩、土与上部结构，土层分布自上而下为 3m 厚的非液化黏土层、12m 厚松散可液化砂土层和 6m 厚密实砂土层。刚性挡墙将场地分为前后两部分，两侧土体高差为 7m，刚性挡墙前方土体存在高度为 7m 的自由水体。以第 4 章数值模型参数作为本章研究的基准工况，通过更改单一参数保持其他参数相同的方式进行参数研究，主要分析了桩的抗弯刚度、上部结构质量、黏土层强度、桩的长度以及场地液化对惯性荷载与运动荷载的相位关系的影响，得到如下结论：

（1）桩基刚度显著影响惯性荷载与运动荷载相位关系与荷载组合方式。在桩的刚度较小时，惯性荷载与运动荷载基本呈现反相关系（相位基本相反），两者起抵消效应，而随着桩的刚度逐渐增大，惯性荷载与运动荷载相位关系逐渐趋于同相，两者起叠加效应。

（2）对于上部结构质量较小的桩基，惯性荷载与运动荷载相位基本相同，而随着桩基上部结构质量的逐渐增大，桩的惯性荷载与运动荷载逐渐出现差异，表现出反相特性；随着上部结构质量的增大，惯性荷载与运动荷载峰值逐渐增大，且上部结构对惯性荷载峰值响应的影响更为显著。

（3）当上覆黏土层强度较小时，惯性荷载与运动荷载趋于同相，两者起叠加效应，而黏土层强度较大时，惯性荷载与运动荷载表现出反相特性，两者起抵消效应；对于本章研究对象而言，上覆黏土层强度会影响土体侧向位移的大小，随着上覆黏土层强度的增大，土体侧向位移逐渐减小。

（4）随着桩基长度的增大，桩基会逐渐"变柔"，进而改变惯性荷载与运动荷载相位关系，即当桩的长度较小时，惯性荷载与运动荷载趋于同相，两者起叠加效应，而桩基长度较大时，惯性荷载与运动荷载表现出反相特性，在地震过程中惯性荷载与运动荷载起抵消效应。

（5）场地液化会显著改变场地的动力响应，在场地未发生液化的情况下，惯性荷载与运动荷载相位呈现同相关系；而对于场地发生液化的工况，桩-土-上部结构体系的惯性荷载与运动荷载趋于反相。

（6）惯性荷载和运动荷载相位关系与桩土相对位移存在紧密联系，即在关键荷载循环，当土体位移大于桩的位移（土推桩）时，惯性荷载与运动荷载趋于同相，当桩的位移大于土体位移（桩推土）时，惯性荷载与运动荷载趋于反相。

第8章 液化侧扩流场地桩基抗震设计方法

8.1 引言

非线性动力有限元分析能够准确计算地震过程中桩基动力响应，是桩基抗震分析的重要手段之一，然而该方法建模过程复杂，计算时间长，在工程设计中不具有普适性。文克尔地基梁（BNWF）法具有计算简单、计算速度快等优点，被广泛用于桩基的抗震设计。为此，本章基于文克尔地基梁模型，提出液化侧扩流场地中桩基等效静力设计方法，并采用非线性动力有限元分析对该方法进行验证。

现阶段，一些学者针对液化侧扩流场地桩基简化分析提出了等效静力设计方法，并采用震害实例、物理模型试验以及动力有限元分析对这些分析方法进行了验证[93]。然而，这些方法在如何考虑液化侧扩流场地中桩基惯性荷载与运动荷载的相位关系和荷载组合形式上存在显著差异。例如，工程设计人员在进行液化侧扩流场地桩基设计时，通常忽略惯性荷载的影响，主要依据：惯性荷载峰值出现在振动过程中，而运动荷载峰值通常出现在振动结束后场地侧向位移达到最大时刻[186]。然而，通过第5章分析发现，运动荷载峰值也可能出现在振动过程中，且相位与惯性荷载相同，惯性荷载与运动荷载起叠加效应。

为此，本章采用基于位移的文克尔地基梁法对液化侧扩流场地桩-土-结构体系进行等效静力分析，该分析基于 OpenSees 有限元计算平台完成，桩基与土弹簧的模拟方法和参数取值与非线性动力有限元分析模型完全一致。其具体分析过程如下：首先进行自重应力分析，施加桩基自重，然后同时施加上部结构惯性和水平位移。其中，荷载和位移采用静力控制积分法逐步施加，且当残值达到指定容差时，达到收敛。

8.2 等效静力设计方法

与力法相比，基于位移的文克尔地基梁法能够更为准确地考虑土体侧向流动效应。因此，本章采用基于位移的文克尔地基梁模型，发展适用近岸液化侧扩流场地桩基抗震设计的等效静力设计方法。在拟提出的设计方法中涉及3个关键问题：①上部结构惯性荷载与作用在桩上土体侧向流动效应组合方式的确定；②土体液化情况下，桩基上部结构惯性荷载的计算方法；③场地液化时，给定土层条件和地震动下作用在桩上土体侧向流动效应的计算。本章主要解决上述3个问题，提出适用近岸液化侧扩流场地的桩基抗震设计方法。

本节文克尔地基梁模型主要包含桩基与土弹簧两部分，其模拟方法与参数取值同非线性动力有限元分析模型完全一致。基于该模型，重点分析以下四部分内容：①针对不同地震动输入下桩基分别单独施加惯性荷载和侧向位移需求，评估惯性荷载与运动效应的解耦效应，确定等效静力设计方法中两种效应的组合方式；②如何根据非液化情况下上部结构惯性荷载，计算土体液化时上部结构惯性荷载；③基于非线性动力有限元分析评估所提出等效静力设计方法的准确性；④总结等效静力设计方法的关键建议。

8.2.1　惯性荷载与侧向流动效应组合

由于强震作用下，液化侧扩流场地中桩-土-上部结构系统表现出很强的非线性，因此无法通过解析的手段对惯性荷载与土体侧向流动效应进行解耦。本节通过下面三种工况近似表征惯性效应、运动效应和两者共同作用，并通过对比三种工况下的惯性与侧向流动需求，分析液化侧扩流场地中近似解耦的影响。针对如下三种荷载工况进行等效静力分析：工况 A：为基准工况，同时施加惯性荷载与土体侧向位移 ［图 8-1 （a）］；工况 B：仅施加由上部结构质量产生的惯性荷载 ［图 8-1 （b）］；工况 C：仅在土弹簧的自由端施加土体位移，考虑土体侧向流动效应 ［图 8-1 （c）］。在等效静力分析中，采用静力荷载控制积分法逐步施加惯性荷载与侧向位移。

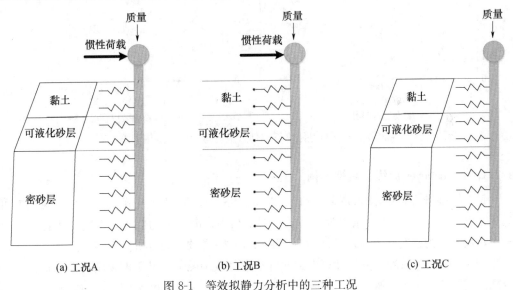

图 8-1　等效拟静力分析中的三种工况

8.2.1.1　不同桩基刚度等效静力分析

针对不同刚度的桩基进行等效静力分析，分析桩基在三种荷载工况下的响应。在等效静力分析中所输入的惯性荷载与土体侧向位移由动力有限元分析得到。荷载工况 A 中，在桩顶节点施加动力分析得到的惯性荷载，并同时在土弹簧自由端施加侧向土体位移；工况 B 分析中，仅在桩顶节点施加动力分析计算得到的惯性荷载，并固定土弹簧的自由端；工况 C 分析中，仅在土弹簧自由端施加土体侧向位移，忽略上部结构惯性荷载。

动力分析中输入 Kobe 地震波（EW 方向），计算得到作用在桩上的惯性荷载与土体侧向位移，采用上述动力计算得到的惯性荷载与土体侧向位移进行不同荷载工况下的等效静力分析。由等效静力分析方法计算得到的不同刚度桩顶的侧向位移见图 8-2。由图 8-2（a）可以看出，桩基仅在惯性荷载作用下（工况 B）产生的桩顶位移很小，远小于仅在土体侧向位移作用下（工况 C）产生的桩顶位移，说明土体的运动效应起主导作用（即土体侧向位移足够大，在桩基上产生很大的侧向荷载）。图 8-2（b）为仅由工况 B 产生的桩顶位移与仅由工况 C 产生的桩顶位移之和与工况 A 产生的桩顶位移的比值。由图 8-2 可以看出，将两种解耦工况计算得到的桩顶位移（工况 B 与工况 C）直接叠加能够近似估计桩基的耦合响应，且误差在 25％以内。总体来说，对于本节研究的桩基布置和土层条件下，直接将工况 B 与工况 C 相加能够近似估计工况 A 的响应，但偏于危险。需要指出的是，由于液化侧扩流场地中桩-土体系强烈的非线性，将工况 B 与工况 C 的计算值直接相加得到的结果与工况 A 的计算结果并不完全相同。

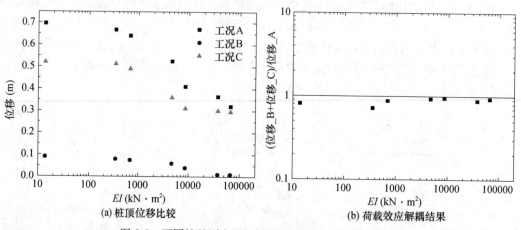

图 8-2　不同桩基刚度下惯性效应与运动效应解耦影响

8.2.1.2　Pushover 曲线非线性实例

针对桩基进行等效非线性静力分析，以研究桩基的非线性响应范围，其中刚桩的刚度为 $2.43 \times 10^9 \, kN/m^2$。土层条件为典型的三层土结构，最上层为黏土，中间层为可液化砂土层，最下层为密实砂土层，土体参数详见第 6 章。等效静力分析中土体由土弹簧代替。

图 8-3 为由等效静力分析计算得到的桩基在荷载工况 B（仅在桩顶施加惯性荷载）与荷载工况 C（仅在土弹簧的自由端施加土体侧向位移）下 Pushover 曲线。其中图 8-3（a）为荷载工况 B 下，施加的惯性荷载与计算得到的位移、剪力和弯矩关系曲线；图 8-3（b）为荷载工况 C 下，施加的土体侧向位移与计算得到的位移、剪力和弯矩关系曲线。由图 8-3 可以看出，液化侧扩流场地中桩土响应为典型的非线性问题，也表明，采用工况 B 和工况 C 直接加和的方法近似估计工况 A 的有效性，取决于桩-土体系的非线性程度。

8.2.2　液化情况下上部结构惯性荷载的计算

借鉴文献［187］的方法，液化场地中桩基上部结构惯性荷载主要采用下面的方法进行计算：首先，基于非液化场地的加速度反应谱估计非液化情况下上部结构加速度；然后，考虑液化对惯性荷载的影响。为了估计不同地震动作用下场地液化时的惯性荷载，针对非液化情况下的桩土体系进行动力有限元分析，得到非液化工况地表加速度反应谱

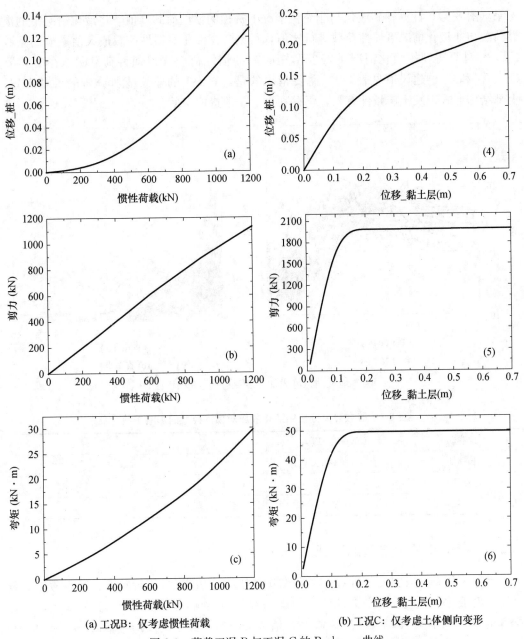

(a) 工况B：仅考虑惯性荷载　　　　　　(b) 工况C：仅考虑土体侧向变形

图 8-3　荷载工况 B 与工况 C 的 Pushover 曲线

（5％阻尼比）；桩基上部结构峰值加速度采用地表峰值加速度近似，由此可计算得到非液化情况下桩基上部结构惯性荷载。然后，采用下述公式考虑液化对惯性荷载的影响：

$$I_{cc\_liq} = C_{liq} C_{cc} I_{nonliq} \tag{8-1}$$

式中　C_{liq}——考虑液化对惯性荷载最大值影响的系数；

　　　C_{cc}——地震过程中关键荷载循环最大惯性荷载百分比系数；

　　I_{nonliq}——非液化情况下上部结果惯性荷载最大值。

根据第 7 章的分析模型，开展非线性动力有限元分析，输入频谱成分不同的地震动记录（图 8-4），计算得到液化与非液化情况下桩顶的惯性荷载峰值，将液化情况下的惯性荷载与非液化情况下惯性荷载进行比值，得到考虑液化对惯性荷载最大值影响的系数 C_{liq}；将计算得到的液化情况下峰值弯矩时刻的惯性荷载除以惯性荷载最大值，得到 C_{α}。C_{liq} 和 C_{α} 的建议值见表 8-1。需要指出的是，表 8-1 的建议值所分析的桩基布置、上部结构形式以及土层条件有限，仍存在进一步改进的空间。

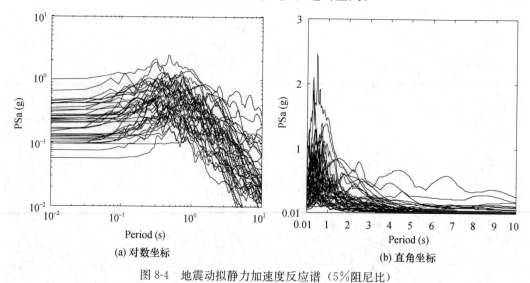

(a) 对数坐标　　　　　　　　　　(b) 直角坐标

图 8-4　地震动拟静力加速度反应谱（5%阻尼比）

表 8-1　等效静力分析中液化效应对惯性荷载的影响系数

地震动	$(Sa)_{T=1s}/ZPA$	C_{liq}	C_{α}
长周期	1.6～2.4	0.9	0.8
中周期	0.5～1.6	0.75	0.8
短周期	<0.4	0.45	0.8

8.2.3　等效拟静力方法的验证

本节采用动力有限元分析对上述等效拟静力方法的准确性进行验证。为了考虑地震动特性对液化侧扩流场地中惯性效应与运动效应的影响，动力分析中输入 Baker[176] 等推荐的 40 条不同地震动，该组地震动频谱成分丰富，其平均反应谱满足 Boore 和 Atkinson 地震动预测模型的中值和对数标准值，且满足如下特征：①震级＝7.5；②震中距＝10km；③场地剪切波速 V_{s30}＝760m/s；④地震机制为走滑断层。该组地震动 5%阻尼比下拟静力加速度反应谱及其平均反应谱见图 8-4，其中图 8-4（a）图为对数坐标，图 8-4（b）图为直角坐标。分析中所研究桩基的刚度 66119.4kN/m²，近似对应直径为 2.5m、强度等级为 C50 的混凝土桩；桩基长度为 23m，其中地表以上桩基长度为 2m；土层条件自地表往下依次为黏土层（不排水抗剪强度 cu＝36kPa）、可液化的松砂层（参数取值与第 3 章模型相同）和密实砂土层。

等效静力分析包含三种荷载工况，即工况 A：考虑上部结构惯性荷载与运动效应的共同作用，计算中同时在桩顶节点施加上部结构惯性荷载，在土弹簧自由端施加土体侧向位移；工况 B：仅考虑上部结构惯性效应，仅在桩顶节点施加惯性荷载；工况 C：仅考虑运动效应，在土弹簧自由端施加土体侧向位移。

图 8-5 为等效静力分析与动力有限元分析结果对比图，图 8-5（a）为荷载工况 B 的等效静力计算结果与动力有限元计算结果关系图，其中横坐标为动力有限元计算结果（该结果包含土体侧向流动与上部结构惯性的共同作用），纵坐标为等效静力计算结果，由图 8-5（a）可以看出，工况 B（侧向流动效应）计算得到的桩顶位移都位于 1∶1 线下方，说明仅考虑液化侧向流动效应对桩基的影响，会低估桩基的实际响应。图 8-5（b）为荷载工况 C 的等效静力计算结果与动力有限元计算结果关系图，由图 8-5（b）可以看出，仅考虑上部结构惯性荷载的计算结果小于动力有限元计算结果，整体处于 1∶1 线的下方。对比工况 B 与工况 C 的结果可以发现，后者要小于前者，说明运动荷载对桩基响应起控制作用。图 8-5（c）为荷载工况 B 和工况 C 的较大值与动力有限元计算结果的关系图，由图 8-5（c）可以看出，位移响应总体处于 1∶1 线下方，说明即使采用惯性荷载与运动效应的较大值进行液化侧扩流场地中桩基设计，也会低估桩基的实际响应，计算结果偏于危险。

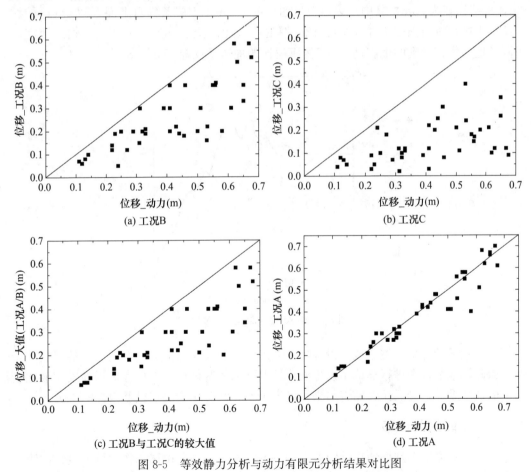

图 8-5　等效静力分析与动力有限元分析结果对比图

为了比较等效静力分析方法的准确性，将荷载工况 A 情况下（在桩顶作用惯性荷载，同时在土弹簧自由端施加侧向位移）等效静力分析结果与非线性动力有限元结果进行了比较。图 8-5（d）为荷载工况 A 的等效静力分析结果与动力有限元计算结果对比，其中横轴为动力有限元计算结果峰值，纵轴为工况 A 等效静力分析结果。由图可以看出，两者都在 1∶1 线附近，说明工况 A 可以近似考虑桩基的峰值响应，说明等效静力分析方法中需要考虑惯性荷载与土体侧向流动效应的共同作用；等效静力分析能够较好的模拟液化侧扩流场地中桩基的峰值响应，两者的桩顶位移误差在 30％以内。

通过比较工况 A 情况下的等效静力分析结果与动力非线性有限元分析结果可以看出，等效静力分析能够合理预测液化侧扩流场地中不同地震动下各类桩基的峰值响应，两者的差异主要由等效静力分析自身的局限性引起。

8.3　液化侧扩流场地桩基设计例子

为了更好的展示本章提出的等效静力分析方法如何在实际桩基设计中使用，本节给出了液化侧扩流场地中桩基设计实例。

桩基为直径 2m 的钢筋混凝土桩，其抗弯刚度为 $6.6 \times 10^8 \, kN/m^2$，上部结构质量为 80t，桩基长度为 23m，其中地表以上桩的长度为 2m。土层条件自上而下为 3m 厚的黏土层（不排水抗剪强度为 33kPa）、12m 厚的可液化砂土层和密实砂土层。输入地震动为阪神地震中记录到的地震动，其 5％阻尼比的加速度反应谱见图 8-6。

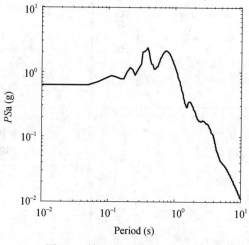

图 8-6　输入地震动加速度时程

实际桩基设计中，桩基抗震设计需要考虑场地非液化与液化两种情况下的地震安全性，因此，本节首先进行场地不发生液化情况下的桩基设计，然后考虑场地发生液化情况下的桩基设计，最后比较两者结果，确定最不利情况作为决定桩基设计的工况。

8.3.1　土体侧向位移

在设计中需要得到场地在给定地震动下可能发生的侧向位移，作为桩基设计的输入变量。对于液化侧扩流场地中土体侧向位移的获取方法主要有以下几种：①对土体可能发生的应变进行积分；②经验方法，主要依据以往的震害资料获得；③Newmark 滑块法；④非线性动力有限元分析。对于本节例子，假定最可能的侧向位移约为 0.7m。为了考虑该假定的不确定性，在实际设计过程中还需针对 0.6～1.2m 的侧向位移进行计算。

8.3.2　惯性荷载

非液化情况下，上部结构的惯性荷载由非液化场地设计反应谱得到。即采用地表峰值加速度作为上部结构的加速度，直接求得上部结构的惯性荷载。上部结构加速度为 $a_{nonliq}=0.63g$，因此设计惯性荷载为 $I_{nonliq}=ma_{nonliq}=470kN$。

对于液化情况，上部结果的惯性荷载基于非液化工况计算。由图 8-6 可以看出，$(Sa)_{T=1s}/ZPA=0.56$，该加速度反应谱的频谱成分属于中周期（0.5～1.6 为中周期），基于表 8-1 给出的液化情况下加速度折减系数，液化情况下上部结构最大惯性荷载为 $I_{cc\_liq}=C_{liq}C_{cc}I_{nonliq}=282kN$。

8.3.3　非液化工况下的等效静力分析

首先，针对非液化工况建立等效静力分析模型，该模型包括桩基以及作用在桩上的 $p-y$ 弹簧和 $t-z$ 弹簧。由于非液化情况下土体侧向位移很小，可以忽略作用在桩上的侧向流动土压力，因此，在等效静力分析模型中，将土弹簧自由端的土体位移设置为零。因此，作用在等效静力模型中的荷载主要为施加在桩顶节点的水平荷载，$I_{nonliq}=470kN$。

由等效拟静力模型计算可得到桩基在非液化场地的响应：桩顶位移为 0.065m，总的惯性荷载为 470kN，运动荷载为 −112kN（两者方向相反，荷载效应起抵抗作用），作用在桩上的总剪力为 368kN，桩的最大弯矩为 2350kN-m。

8.3.4　液化工况下的等效静力分析

对非液化工况下的等效静力分析模型进行修改，计算液化侧扩流场地中桩基的峰值响应。计算中假定松砂层完全液化，且密实砂土层产生的剪应变小于 0.5%，孔压比小于 30%。由于液化工况下松砂层会发生液化，导致土弹簧刚度下降，为此，将等效静力分析模型中的 $p-y$ 弹簧刚度采用 Brandenberg 等[173]提出的 p 乘因子进行折减。为了考虑密实砂土层的部分液化效应，基于图 8-7 对密实砂土层中的超孔压比对 $p-y$ 弹簧进行折减，折减系数 $m_p=1-(1-m_p，ru=1)\times r_u=1-(1-0.1)\times 0.3=0.73$。

场地液化情况下需同时考虑土体侧向流动与上部结构惯性荷载的影响。为了考虑场地液化情况下土体的侧向流动效应，在 $p-y$ 弹簧的自由端施加土体侧向位移，该土位移呈现三段线性分部，其中在桩底处土体位移为 0，在密实砂土层顶部土体位移为 0.04m，松砂层顶部土体位移为 0.5m，黏土层顶部土体位移为 0.7m。为了考虑惯性荷载的影响，以力的形式在桩顶施加惯性荷载，大小为 282kN。

经过计算，桩基在上部结构惯性荷载与土体侧向位移共同作用下得到如下桩基响应（表 8-2）：桩顶位移为 0.35m；总的惯性荷载为 282kN，运动荷载方向与惯性荷载方向相同，对惯性荷载起叠加作用，大小为 812kN；作用在桩上的总剪力为 1094kN，弯矩为 2064kN-m。在非液化工况下，惯性荷载与运动荷载方向相反，起抵抗作用；而液化情况下惯性荷载与运动荷载方向相同，两者起叠加作用。在非液化工况下，土体位移（为零）小于桩的侧向位移，而在液化情况下土体侧向位移大于桩的侧向位移。

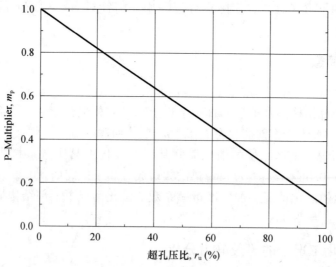

图 8-7 超孔压比对侧向承载力 p^u 的影响

计算得到的液化与非液化情况下峰值响应对比见表 8-2，由表 8-2 可以看出，在液化情况下，土体发生侧向流动，导致液化情况下桩的峰值响应大于非液化工况，即液化工况控制桩基设计。

表 8-2 液化与非液化工况下桩基峰值响应比较

工况	惯性荷载（kN）	运动荷载（kN）	总剪力（kN）	弯矩（kN·m^{-1}）	桩顶位移（m）
液化	282	1120	1402	2526	0.35
非液化	470	−112	268	2350	0.08

设计过程中，为了考虑各种参数的不确定性对桩基的影响，需要针对不同参数进行多次试算，作为合理的设计结果。例如，单独分析惯性荷载和土体侧向位移效应等。通过对这些参数不确定性的分析，能够保证桩基设计的安全性和经济性。

8.4 本章小结

本章基于文克尔地基梁模型提出了近岸液化侧扩流场地桩基抗震设计方法，系统研究了土体液化情况下桩基上部结构惯性荷载计算方法，给定土层条件和地震动下土体侧向位移的计算方法以及上部结构惯性荷载与作用在桩上的侧向位移需求组合方式，得到如下结论：

（1）液化侧扩流场地中桩土反应属于典型的非线性问题，采用惯性荷载与运动效应直接加和的方法可以近似估计惯性荷载与运动荷载的耦合效应，但其有效性取决于桩-土体系的非线性程度。

（2）采用对非液化场地峰值加速度进行折减的方法可以近似考虑液化场地上部结构加速度，并基于非线性动力有限元分析给出了折减系数的建议值。

（3）通过对比本书提出的等效静力方法计算结果与非线性动力有限元计算结果，验证了本书提出方法的可靠性。

（4）给出了采用本书提出的抗震设计方法进行液化侧扩流场地中桩基设计的例子。

结　　论

本书以强震下液化侧扩流场地桩基抗震与设计问题为主要研究对象，开展了近岸水平液化侧扩流场地桩基振动台试验，得到了强震下液化侧扩流场地中桩基的典型动力反应，并据此提出了简化分析方法。针对完成的振动台试验建立了液化侧扩流场地桩基非线性动力分析模型。基于动力有限元分析方法，建立了典型的近岸水平液化侧扩流场地桩-土-结构体系分析模型，探讨了液化侧扩流场地中荷载传递模式。基于动力有限元计算结果，得到了体系的惯性荷载与运动荷载，并通过一系列参数研究，详细分析了液化侧扩流场地中桩土惯性荷载与运动荷载的相位关系。基于文克尔地基梁模型，提出了基于液化侧扩流场地桩基等效静力设计方法，验证了方法的可靠性，并给出了使用实例。其主要开展了五部分研究工作，得到以下结论：

（1）完成了强震作用下近岸水平液化侧扩流场地 2×2 群桩振动台试验，试验结果表明，饱和砂土发生液化后自由场土体加速度衰减明显，向水域一侧发生侧向流动，导致群桩产生较大的单调弯矩，且靠近挡墙桩的弯矩反应要大于远离挡墙桩的反应；作用在桩基上的液化侧向流动土压力呈均匀分布或三角形分布，且作用在群桩中各基桩上侧向土压力显著不同；对于均匀分布荷载型式而言，作用在前桩（靠近挡墙的桩）上的液化侧向流动土压力 $p_1 = 1.31\text{kPa}$，作用在后桩上的液化侧向流动土压力 $p_2 = 0.66\text{kPa}$；对于三角形分布荷载型式而言，桩 1 的侧向流动土压力折减系数为 $C_{L1} = 0.19$，桩 2 的侧向流动土压力折减系数为 $C_{L2} = 0.092$；前桩侧向流动土压力约为后桩的 2 倍。

（2）建立了强震下桩-土动力相互作用振动台试验有限元数值模型，详细介绍数值模型建立过程中所涉及的计算平台、土体本构模型、自由水体的模拟、桩-土相互作用的模拟及挡墙的模拟；通过对比振动台试验结果与数值计算结果，发现本书所建立的有限元模型能够很好的再现振动台试验过程中桩土动力响应规律，所提出的建模方法正确可靠。

（3）实际近岸液化侧扩流场地进行了理想化，建立了典型的近岸水平液化侧扩流场地桩基地震响应模型，分析了地震过程中土荷载传递规律。对于刚性桩而言，在振动过程中，表现出土推桩的现象，桩受到其后土体的被动土压力作用，惯性荷载与运动荷载动力响应基本同步；对于柔性桩而言，在地震前期表现出桩推土的现象，桩受到其后土体的主动土压力作用，惯性荷载与运动荷载在整个地震过程中表现反相特性。

（4）对液化侧扩流场地桩-土-上部结构体系开展动力有限元分析，系统研究了不同工况下惯性荷载与运动荷载的相位关系。分析结果表明：桩的刚度较小时，惯性荷载与运动荷载基本呈现反相关系，两者起抵消作用，而随着桩的刚度逐渐增大，惯性荷载与运动荷载相位关系逐渐趋于同相，两者起叠加作用；对于上部结构质量较小的桩基，惯性荷载与运动荷载相位基本相同，随着上部结构质量的逐渐增大，桩的惯性荷载与运动荷载逐渐趋于表现出反相特性；当上覆黏土层强度较小时，惯性荷载与运动荷载趋于同相，而黏土层强度较大时，惯性荷载与运动荷载表现出反相特性；当桩的长度较小时，惯性荷载与运动荷载趋于同相，而桩基长度较大时，惯性荷载与运动荷载表现出反相特性；场地液化会显著改变场地的动力响应，场地未发生液化的情况下，惯性荷载与运动荷载相位呈现同相关系，场地发生液化时，惯性荷载与运动荷载趋于反相。

（5）总结了现有液化侧扩流场地桩基设计方法的问题，提出基于位移的文克尔地基梁等效静力设计方法，并采用动力有限元计算结果对设计方法进行了验证；通过对惯性荷载与土体侧向流动效应的近似解耦，发现在液化侧扩流场地桩基设计中需同时考虑惯性荷载与土体侧向位移；采用对非液化情况下土体加速度进行折减的方法近似计算场地液化时上部结构加速度；最后给出了该方法进行近岸水平液化侧扩流场地中桩基设计的例子。

本书的创新点如下：

（1）完成了近岸液化侧扩流场地桩-土动力相互作用振动台试验，成功再现了动力作用下饱和砂土液化侧向流动，得到了近岸液化侧扩流场地桩基动力响应规律。

（2）提出了近岸液化侧扩流场地 2×2 群桩抗震简化分析方法，得到前桩上液化流动土压力为后桩的 2 倍，改变了规范假设群桩中各单桩上液化流动土压力相同的传统认识。

（3）基于非线性动力有限元分析，得到了近岸液化侧扩流场地桩基惯性荷载与运动荷载的相位关系及其荷载效应组合机制，改变了现有规范中惯性荷载与运动荷载不会同时作用的假定。

（4）首次针对近岸液化侧扩流场地发展了桩基抗震设计方法，解决了等效静力分析方法中如何考虑惯性效应、运动效应及其效应组合的问题。

本书以强震下近岸水平液化侧扩流场地桩基抗震与设计问题为主要对象，开展了液化侧扩流场地桩基振动台试验与数值计算，得到了强震下液化侧扩流场地中桩基的典型动力反应，探讨了液化侧扩流场地中荷载传递模式，详细分析了液化侧扩流场地中桩土惯性荷载与运动荷载的相位关系，并基于文克尔地基梁模型提出了基于位移的液化侧扩流场地桩基等效静力设计方法。在本书研究结果的基础上，还可以针对以下几方面开展进一步研究工作：

（1）有限元模型的进一步细化。在振动台试验有限元模拟中，自由水体的模拟以孔压荷载的方式直接施加在土体节点上，仅考虑了自由水体的静孔压效应，忽略了地震过程中的惯性效应，在后续工作中，需要对自由水体的模拟进一步精细化。

（2）桩基非线性的模拟。强震作用下，桩基会进入非线性阶段，甚至发生破坏，在有限元模型中如何考虑钢筋混凝土桩与钢管桩的非线性，是今后研究中非常值得关注的一个问题。

（3）桩-土-上部结构体系的惯性荷载与运动荷载相位关系受众多因素影响，在参数分析中考虑多因素耦合影响，多惯性荷载与运动荷载相位关系及其荷载组合方式的研究具有重要意义。

参 考 文 献

［1］ Casagrande A. Characteristics of cohesionless soils affecting the stability of slopes and earth fills ［J］. Contributions to Soils Mechanics，1925-1940，1940.

［2］ Terzaghi K，Peck R B，Mesri G. Soil mechanics in engineering practice ［M］. 76. 2014：149-150 (2).

［3］ Kramer，Stevenlawrence. Geotechnical earthquake engineering ［M］. Prentice Hall，2001：490-503.

［4］ 高玉峰，刘汉龙，朱伟. 地震液化引起的地面大位移研究进展 ［J］. 岩土力学，2000，21（3）：294-298.

［5］ Bhattacharya S，Madabhushi S P G. A critical review of methods for pile design in seismically liquefiable soils ［J］. Bulletin of Earthquake Engineering，2008，6（3）：407-446.

［6］ 李雨润，袁晓铭. 液化场地上土体侧向变形对桩基影响研究评述 ［J］. 世界地震工程，2004，20 (2)：17-22.

［7］ Finn W D L. A Study of Piles during Earthquakes：Issues of Design and Analysis ［J］. Bulletin of Earthquake Engineering，2005，3（2）：141-234.

［8］ 陈云敏. 桩基动力学及其工程应用 ［C］. 全国土动力学学术会议，2002.

［9］ 黄强. 桩基工程若干热点技术问题 ［M］. 北京：中国建材工业出版社，1996.

［10］ Boulanger R W，Idriss I M，Mejia L H. Investigation and evaluation of liquefaction related ground displacements at Moss Landing during the 1989 Loma Prieta earthquake ［M］. Center for Geotechnical Modeling，Department of Civil & Environmental Engineering，University of California，1995.

［11］ Haskell J J M，Madabhushi S P G，Cubrinovski M，et al. Lateral spreading-induced abutment rotation in the 2011 Christchurch earthquake：Observations and analysis ［J］. Geotechnique，2013，63（15）：1310-1327.

［12］ Ledezma C. Lessons from the Seismic Performance of Pile-Supported Bridges Affected by Liquefaction During the M8. 8 2010 Maule Chile Earthquake ［J］，2013.

［13］ Robinson K，Cubrinovski M，Bradley B A. Lateral spreading displacements from the 2010 Darfield and 2011 Christchurch earthquakes ［J］. International Journal of Geotechnical Engineering，2014，8（4）：441-448.

［14］ Sugimura Y，Karkee M B，Mitsuji K. An investigation on aspects of damage to precast concrete piles due to the 1995 hyougoken-nambu earthquake ［J］. Journal of Structural & Construction Engineering Transactions of Aij，2003，68（574）：113-120.

［15］ Yen P W，Chen G D，Buckle I，et al. Bridge Performance during the 2010 M8. 8 Chile Earthquake ［C］. Structures Congress，2011：1649-1659.

［16］ 刘恢先. 唐山大地震震害 ［M］. 北京：地震出版社，1986.

［17］ Cubrinovski M，Winkley A，Haskell J，et al. Spreading-Induced Damage to Short-Span Bridges in Christchurch，New Zealand ［J］. Earthquake Spectra，2014，30（30）：57-83.

［18］ Dash S R，Govindaraju L，Bhattacharya S. A case study of damages of the Kandla Port and Customs Office tower supported on a mat-pile foundation in liquefied soils under the 2001 Bhuj earth-quake [J]. Soil Dynamics & Earthquake Engineering, 2009, 29 (2): 333-346.

[19] Holzer T L, Noce T E, Bennett M J, et al. Liquefaction-induced lateral spreading in Oceano, California, during the 2003 San Simeon Earthquake [R]. Open-File Report, 2004.

[20] Palermo A, Wotherspoon L, Wood J, et al. Lessons learnt from 2011 Christchurch earthquakes: Analysis and assessment of bridges [J]. Bulletin of the New Zealand Society for Earthquake Engineering, 2011.

[21] Sonmez B, Ulusay R, Sonmez H. A study on the identification of liquefaction-induced failures on ground surface based on the data from the 1999 Kocaeli and Chi-Chi earthquakes [J]. Engineering Geology, 2008, 97 (3): 112-125.

[22] Wotherspoon L M, Pender M J, Orense R P. Relationship between observed liquefaction at Kaiapoi following the 2010 Darfield earthquake and former channels of the Waimakariri River [J]. Engineering Geology, 2012, 125 (1): 45-55.

[23] 何茂华, 丁建生. 日本阪神大地震的启示 [J]. 江苏建筑, 1998 (s1): 141-144.

[24] 凌贤长, 唐亮. 液化侧扩流场地桥梁桩基抗震研究进展 [J]. 地震工程与工程振动, 2015, 35 (1): 1-10.

[25] 胡建新, 张力, 唐光武, 液化场地桩基抗震设计现状 [J]. 世界桥梁, 2008 (15): 14-17.

[26] 李辉, 赖明. 土—结动力相互作用研究综述 (I) —研究的历史, 现状与展望 [J]. 土木建筑与环境工程, 1999, 21 (4): 112-116.

[27] 李帅, 王建华. 液化土中桩基抗震设计现状 [J]. 中国海洋平台, 2003, 18 (4): 26-30.

[28] 凌贤长, 唐亮, 苏雷, 等. 中日规范中关于液化和侧向扩流场地桥梁桩基抗震设计考虑之比较 [J]. 防灾减灾工程学报, 2011, 31 (5): 490-495.

[29] 王睿, 张建民, 张嘎. 液化地基侧向流动引起的桩基础破坏分析 [J]. 岩土力学, 2011, 32 (增刊1): 501-506.

[30] 袁晓铭, 李雨润, 孙锐. 地面横向往返运动下可液化土层中桩基响应机理 [J]. 土木工程学报, 2008, 41 (9): 103-110.

[31] 交通部公路规范设计院. 公路工程抗震设计规范 [M]. 北京: 人民交通出版社, 1990.

[32] 中华人民共和国铁道部. 铁路工程抗震设计规范 (GB 50111—2006): 北京: 中国铁道出版社, 1989.

[33] 重庆交通科研设计院. 中国公路桥梁抗震设计细则 (JTG/TB02-01-2008) 北京: 人民交通出版社, 2008.

[34] 建筑桩基技术规范 (JGJ 94—2008) [M]. 北京: 中国建筑工业出版社, 2008.

[35] 单位交通部第三航务工程勘察设计院. 港口工程桩基规范 [M]. 北京: 人民交通出版社, 1998.

[36] 建筑抗震设计规范 (GB 50011—2010) [M]. 北京: 中国建筑工业出版社, 2010.

[37] Meymand P J. Shaking table scale model tests of nonlinear soil-pile-superstructure interaction in soft clay [D]. University of California, Berkeley, 1998.

[38] Bartlett S F, Youd T L. Empirical Prediction of Liquefaction-Induced Lateral Spread [J]. Journal of Geotechnical Engineering, 1995, 121 (4): 316-329.

[39] Bartlett, Steven F, Youd, et al. Case histories of lateral spreads caused by the 1964 Alaska earthquake [M]. 1992.

[40] 刘金砺, 高文生, 邱明兵. 建筑桩基技术规范应用手册 [M]. 北京: 中国建筑工业出版社, 2010.

［41］Hamada M. Large ground deformations and their effects on lifelines : 1964 Niigata earthquake, Case Studies of Liquefaction and Lifeline Performance during Past Earthquakes ［J］. Japanese Case Studies, 1992, 1: 3. 1-3. 123.

［42］Hamada M, Towhata I, Yasuda S, et al. Study on permanent ground displacement induced by seismic liquefaction ［J］. Computers & Geotechnics, 1987, 4 (4): 197-220.

［43］Seed R, Dickenson S, Idriss I. Principal geotechnical aspects of the 1989 Loma Prieta earthquake ［J］. Soils and Foundations, 1991, 31 (1): 1-26.

［44］Liu C, Tang L, Ling X, et al. Investigation of liquefaction-induced lateral load on pile group behind quay wall ［J］. Soil Dynamics & Earthquake Engineering, 2017, 102: 56-64.

［45］Uenishi K, Sakurai S, Uzarski M J, et al. Chi-Chi Taiwan, earthquake of September 21, 1999: reconnaissance report ［J］. Earthquake Spectra, 1999, 5 (19): 153-173.

［46］Uzuoka R, Kubo T, Yashima A, et al. Numerical Study on 3-Dimensional Behavior of a Damaged Pile Foundation during the 1995 Hyogo-ken Nanbu Earthquake ［C］. International Conferences on Recent Advances in Geotechnical Earthquake Engineering and Soil Dynamics, 2001.

［47］Yoshida N, Watanabe H, Yasuda S, et al. Liquefaction-induced ground failure and related damage to structures during 1991 Telire-Limon, Costa Rica, earthquake ［J］. Technical Report Nceer, 1992, 1 (92-0019): 37-52.

［48］Tokimatsu K, Asaka Y. Effects of liquefaction-induced ground displacements on pile performance in the 1995 Hyogoken-Nambu earthquake ［J］. Soils and Foundations, 2012 (2): 163-177.

［49］Tokimatsu K, Mizuno H, Kakurai M. Building damage associated with geotechnical problems ［J］. Soils and Foundations, 1996: 219-234.

［50］Mizuno H, Iiba M, Hirade T. Pile damage during the 1995 Hyogoken-Nanbu earthquake in Janpan ［C］. Proceedings of the 11th World Conference on Earthquake Engineering, 1996.

［51］Ishihara K. Geotechnical aspects of the 1995 Kobe earthquake ［C］. Fourteenth International Conference on Soil Mechanics and Foundation Engineering. ProceedingsInternational Society for Soil Mechanics and Foundation Engineering, 1999.

［52］Tokimatsu K. Behavior and design of pile foundations subjected to earthquakes ［C］. Proc., 12th ASIAN Regional Conference on Soil Mechanics and Geotechnical Engineering, 2003: 1065-1096.

［53］Bardet J P, Adachi N, Idriss I M, et al. North America-Japan workshop on Kobe, Loma Prieta, and Northridge earthquakes ［C］. Report to National Science Foundation and Japanese Geotechnical Society.

［54］Hamada M, Ohtomo K, Sato H, et al. Experimental study of effects of liquefaction-induced ground displacement on in-ground structures ［C］. Technical Report Nceer, 1992.

［55］Hamada M. Performances of foundations against liquefaction-induced permanent ground displacements ［C］. Proc., 12th World Conf. on Earthquake Engineering, 2000: 1754-1761.

［56］Motamed R, Towhata I. Shaking Table Model Tests on Pile Groups behind Quay Walls Subjected to Lateral Spreading ［J］. Journal of Geotechnical & Geoenvironmental Engineering, 2009, 136 (3): 477-489.

［57］Motamed R, Towhata I. Mitigation measures for pile groups behind quay walls subjected to lateral flow of liquefied soil: Shake table model tests ［J］. Soil Dynamics and Earthquake Engineering, 2010, 30 (10): 1043-1060.

［58］Haeri S M, Kavand A, Rahmani I, et al. Response of a group of piles to liquefaction-induced lateral spreading by large scale shake table testing ［J］. Soil Dynamics and Earthquake Engineering,

2012，38：25-45.

[59] Kavand A，Haeri S M，Asefzadeh A，et al. Study of the behavior of pile groups during lateral spreading in medium dense sands by large scale shake table test ［J］. International Journal of Civil Engineering，2014，12（3-B）：374-391.

[60] Dobry R，Thevanayagam S，Medina C，et al. Mechanics of lateral spreading observed in a full-scale shake test ［J］. Journal of geotechnical and geoenvironmental engineering，2010，137（2）：115-129.

[61] He L，Elgamal A，Abdoun T，et al. Liquefaction-Induced Lateral Load on Pile in a Medium Dr Sand Layer ［J］. Journal of Earthquake Engineering，2009，13（7）：916-938.

[62] He L. Liquefaction-induced lateral spreading and its effects on pile foundations ［D］. University of California，San Diego，2005.

[63] Cubrinovski M，Kokusho T，Ishihara K. Interpretation from large-scale shake table tests on piles undergoing lateral spreading in liquefied soils ［J］. Soil Dynamics and Earthquake Engineering，2006，26（2-4）：275-286.

[64] Motamed R，Towhata I，Honda T，et al. Pile group response to liquefaction-induced lateral sprea-ding：E-Defense large shake table test ［J］. Soil Dynamics and Earthquake Engineering，2013，51：35-46.

[65] Motamed R，Towhata I，Honda T，et al. Behaviour of pile group behind a sheet pile quay wall subjected to liquefaction-induced large ground deformation observed in shaking test in E-defense project ［J］. Soils & Foundations，2009，49（3）：459-475.

[66] 陈文化. 液化流滑变形模型及初步实验 ［J］. 自然灾害学报，2004，13（3）：75-80.

[67] 冯士伦，王建华，郭金童. 液化土层中桩基抗震性能振动台试验研究 ［J］. 土木工程学报，2005，38（7）：92-95.

[68] 王志华，徐超，周恩全. 液化土体流滑推桩效应的振动台模型试验 ［J］. 地震工程与工程振动，2014，01（2）：246-251.

[69] 李雨润，袁晓铭，曹振中. 液化土中桩基础动力反应试验研究 ［J］. 地震工程与工程振动，2006，26（3）：257-260.

[70] 凌贤长，王东升. 液化场地桩-土-桥梁结构动力相互作用振动台试验研究进展 ［J］. 地震工程与工程振动，2002，22（4）：53-59.

[71] 凌贤长，王臣，王志强，等. 自由场地基液化大型振动台模型试验研究 ［J］. 地震工程与工程振动，2003，23（6）：138-143.

[72] 唐亮，凌贤长，徐鹏举，等. 可液化场地桥梁群桩-独柱墩结构地震反应振动台试验研究 ［J］. 土木工程学报，2009（11）：102-108.

[73] 唐亮，凌贤长，徐鹏举，等. 承台型式对可液化场地桥梁桩-柱墩地震响应影响振动台试验 ［J］. 地震工程与工程振动，2010，30（1）：155-160.

[74] Liang T，Zhang X，Ling X，et al. Response of a pile group behind quay wall to liquefaction-induced lateral spreading：a shake-table investigation ［J］. Earthquake Engineering & Engineering Vibration，2014，76（4）：69-79.

[75] Arulanandan K，Scott R F. Verification of numerical procedures for the analysis of soil liquefaction problems ［M］. A. A. Balkema，1993.

[76] Kutter B L. Earthquake Deformation of Centrifuge Model Banks ［J］. Journal of Geotechnical Engi-neering，1984，110（12）：1697-1714.

[77] Abdount. Modeling of seismically induced lateral spreading on multi-layered soil and its effect on

pile foundations [M]. Rensselaer Polytechnic Institute, 1997.

[78] Coelho P, Haigh S, Madabhushi S. Centrifuge modelling of the effects of earthquake-induced liquefaction on bridge foundations [C]. Proceedings of the 11th International Conference on Soil Dynamics and Earthquake Engineering, 2004.

[79] Fiegel G L, Kutter B L. Liquefaction - Induced Lateral Spreading of Mildly Sloping Ground [J]. Journal of Geotechnical Engineering, 1994, 120 (12): 2236-2243.

[80] Haigh, S. K. Effects of earthquake-induced liquefaction on pile foundations in sloping ground [D]. University of Cambridge, 2002.

[81] Haigh S, Madabhushi S. Centrifuge modelling of lateral spreading past pile foundations [C]. International Conference on Physical Modelling in Geotechnics, 2002.

[82] Haigh S K, Madabhushi S P G. Centrifuge modelling of pile-soil interaction in liquefiable slopes [J]. Geomechanics & Engineering, 2011, 3 (1): 1-16.

[83] Madabhushi S P G. Modelling of earthquake damage using geotechnical centrifuges [J]. Current Science, 2004, 87 (10): 1405-1416.

[84] Abdoun T, Dobry R, O' rourke T D, et al. Pile response to lateral spreads: Centrifuge modeling [J]. Journal of Geotechnical & Geoenvironmental Engineering, 2003, 129 (10): 869-878.

[85] Abdoun T, Dobry R, Zimmie T F, et al. Centrifuge research of countermeasures to protect pile foundations against liquefaction-induced lateral spreading [J]. Journal of Earthquake Engineering, 2005, 9 (sup1): 105-125.

[86] Abdoun T, Ubilla J, Dobry R. Centrifuge scaling laws of pile response to lateral spreading [J]. Memórias Do Instituto Oswaldo Cruz, 2011, 11 (1): 2-22.

[87] Abdoun T, Dobry R. Evaluation of pile foundation response to lateral spreading [J]. Soil Dynamics & Earthquake Engineering, 2002, 22 (9-12): 1051-1058.

[88] Mcvay M, Casper R, Shang T. Lateral Response of Three-Row Groups in Loose to Dense Sands at 3D and 5D Pile Spacing [J]. Journal of Geotechnical Engineering, 1995, 121 (5): 436-441.

[89] Mcvay M, Zhang L, Molnit T, et al. Centrifuge Testing of Large Laterally Loaded Pile Groups In Sands [J]. Journal of Geotechnical & Geoenvironmental Engineering, 1998, 124 (10): 1016-1026.

[90] Japan Road Association. Japanese Seismic Design Specifications for Highway Bridges [M]. Japan Road Association, 2002.

[91] Dobry R, Abdoun T, O' rourke T D, et al. Single Piles in Lateral Spreads: Field Bending Moment Evaluation [J]. Journal of Geotechnical & Geoenvironmental Engineering, 2003, 129 (10): 879-889.

[92] Brandenberg S J, Boulanger R W, Kutter B L, et al. Load transfer between pile groups and laterally spreading ground during earthquakes [C]. Proceedings of 13th World Conference on Earthquake Engineering, 2004.

[93] Brandenberg S J, Boulanger R W, Kutter B L, et al. Static Pushover Analyses of Pile Groups in Liquefied and Laterally Spreading Ground in Centrifuge Tests [J]. Journal of Geotechnical & Geoenvironmental Engineering, 2007, 133 (9): 1055-1066.

[94] Brandenberg S J, Boulanger R W, Kutter B L, et al. Liquefaction-induced softening of load transfer between pile groups and laterally spreading crusts [J]. Journal of Geotechnical & Geoenvironmental Engineering, 2007, 133 (1): 91-103.

[95] Brandenberg S J, Boulanger R W, Kutter B L, et al. Behavior of Pile Foundations in Laterally

171

Spreading Ground during Centrifuge Tests [J]. Journal of Geotechnical & Geoenvironmental Engineering, 2005, 131 (11): 1378-1391.

[96] Bhattacharya S, Madabhushi S P G, Bolton M. Pile Instability during Earthquake Liquefaction [D]. University of Cambridge, 2003.

[97] Bhattacharya S. An alternative mechanism of pile failure in liquefiable deposits during earthquakes [J]. Géotechnique, 2004, 54 (54): 203-213.

[98] Bhattacharya S, Bolton M. Errors in Design Leading to Pile Failures During Seismic Liquefaction [C]. Proc. 5th International Conference on Case Histories in Geotchnical Engineering, 2004.

[99] Bhattacharya S, Bolton M. Pile Failure During Seismic Liquefaction: Theory and Practice [C]. Cyclic Behaviour of Soils and Liquefaction Phenomena: Proceedings of the International Conference, Bochum, Germany, 31 March-2 April 2004.

[100] Bhattacharya S, Bolton M D, Madabhushi S P G. A reconsideration of the safety of piled bridge foundations in liquefiable soils [J]. Soils and Foundations 2003, 45 (4): 13-25.

[101] Bhattacharya S, Bolton M. A fundamental omission in seismic pile design leading to collapse [C]. Proc 11th International Conference on Soil Dynamics and Earthquake Engineering, 2004: 820-827.

[102] Takahashi A, Takemura J. Liquefaction-induced large displacement of pile-supported wharf [J]. Soil Dynamics & Earthquake Engineering, 2005, 25 (11): 811-825.

[103] T. T, S. I, K. N. Dynamic Behavior of Group Pile Under Lateral Spreading [J]. Kyoto Daigaku Bōsai Kenkyūjo nenpō, 2005, 48: 363-370.

[104] González L, Abdoun T, Dobry R. Effect of soil permeability on centrifuge modeling of pile response to lateral spreading [J]. Journal of Geotechnical & Geoenvironmental Engineering, 2009, 135 (1): 62-73.

[105] González L, Lucas D, Abdoun T. Centrifuge modeling of pile foundations subjected to liquefaction-induced lateral spreading in silty sand [C]. 14th world conference on earthquake engineering, 2008: 04-02.

[106] Tasiopoulou P, Gerolymos N, Tazoh T, et al. Pile-Group Response to Large Soil Displacements and Liquefaction: Centrifuge Experiments versus a Physically Simplified Analysis [J]. Journal of Geotechnical & Geoenvironmental Engineering, 2013, 139 (2): 223-233.

[107] 汪明武. 倾斜液化场地桩基地震响应离心机试验研究 [J]. 岩石力学与工程学报, 2009, 28 (10): 2012-2017.

[108] 苏栋, 李相菘. 可液化土中单桩地震响应的离心机试验研究 [J]. 岩土工程学报, 2006, 28 (4): 423-427.

[109] 王睿, 张建民, 张嘎. 侧向流动地基单桩基础离心机振动台试验研究 [J]. 工程力学, 2012, 29 (10): 98-105.

[110] 梁孟根, 梁甜, 陈云敏. 自由场地液化响应特性的离心机振动台试验 [J]. 浙江大学学报（工学版）, 2013, 47 (10): 1805-1814.

[111] Ashford S, Juirnarongrit T, Sugano T, et al. Soil-pile response to blast-induced lateral spreading. I: Field test [J]. Journal of Geotechnical & Geoenvironmental Engineering, 2006, 132 (2): 152-162.

[112] Ashford S, Teerawutjuirnarongrit. Response of single piles and pipelines in liquefaction-induced lateral spreads using controlled blasting [J]. Earthquake Engineering and Engineering Vibration, 2002, 1 (2): 181-193.

[113] Ashford S A, Rollins K M. TILT: The Treasure Island Liquefaction Test [R]. Design, University of California, San Diego. Dept. of Structural Engineering, 2002.

[114] Ashford S A, Rollins K M. Blast-Induced Liquefaction for Full-Scale Foundation Testing [J]. Journal of Geotechnical & Geoenvironmental Engineering, 2004, 130 (8): 798-806.

[115] Fujii S, Isemoto N, Satou Y, et al. Investigation and analysis of a pile foundation damaged by liquefaction during the 1995 Hyogoken-Nambu earthquake [J], 2012.

[116] Tazoh T, Ohtsuki A, Fuchimoto M, et al. Analysis of the damage to the pile foundation of a highway bridge caused by soil liquefaction and its lateral spread due to the 1995 Great Hanshin earthquake [J], 2000.

[117] Fukutake K, Matsuoka H. A unified law for dilatancy under multi-directional simple shearing [J]. Proceedings of the Japan Society of Civil Engineers, 2010, 412 (412): 143-151.

[118] Finn W D L, Fujita N. Piles in liquefiable soils: seismic analysis and design issues [J]. Soil Dynamics & Earthquake Engineering, 2002, 22 (9): 731-742.

[119] O'rourke T D, Meyersohn W D, Shiba Y, et al. Evaluation of pile response to liquefaction-induced lateral spread [C]. Proc., 5th US-Japan Workshop on Earthquake Resistant Design of Lifeline Facilities and Countermeasures Against Soil Liquefaction, 1994: 457-478.

[120] Rajaparthy S R, Zhang Z, Hutchinson T C, et al. Plastic Hinge Formation in Pile Foundations Due to Liquefaction-Induced Loads [C]. Geotechnical Earthquake Engineering and Soil Dynamics Congress IV, 2008: 1-10.

[121] Koyamada K, Miyamoto Y, Sako Y, et al. Pile Foundation Response due to Soil Liquefaction-induced Lateral Spreading during the Hyogo-ken Nanbu Earthquake of 1995 [J]. Journal of Structural & Construction Engineering, 1999: 49-56.

[122] Uzuoka R, Yashima A, Kawakami T, et al. Fluid dynamics based prediction of liquefaction induced lateral spreading [J]. Computers & Geotechnics, 1998, 22 (3-4): 243-282.

[123] Hadush S, Yashima A, Uzuoka R, et al. Liquefaction induced lateral spread analysis using the CIP method [J]. Computers & Geotechnics, 2001, 28 (8): 549-574.

[124] Cubrinovski M, Uzuoka R, Sugita H, et al. Prediction of pile response to lateral spreading by 3-D soil-water coupled dynamic analysis: Shaking in the direction of ground flow [J]. Soil Dynamics & Earthquake Engineering, 2008, 28 (6): 421-435.

[125] Lin S S, Tseng Y J, Liao J C, et al. Ground lateral spread effects on single pile using uncoupled analysis method [J]. Journal of Geoengineering, 2006, 1 (2): 51-62.

[126] Elgamal A, Yang Z, Parra E. Computational modeling of cyclic mobility and post-liquefaction site response [J]. Soil Dynamics & Earthquake Engineering, 2002, 22 (4): 259-271.

[127] Mansour C, Steinberg A, Matasovic N: Analysis, design and construction of the supporting structure and wharf retrofit for a new shiploader at the Port of Long Beach, California, Ports 2004: Port Development in the Changing World, 2004: 1-9.

[128] Chen C Y, Martin G R. Soil-structure interaction for landslide stabilizing piles [J]. Computers & Geotechnics, 2002, 29 (5): 363-386.

[129] Takahashi A, Sugita H, Tanimoto S. Forces acting on bridge abutments over liquefied ground [J]. Soil Dynamics & Earthquake Engineering, 2010, 30 (3): 146-156.

[130] Dash S R, Bhattacharya S, Blakeborough A. Bending-buckling interaction as a failure mechanism of piles in liquefiable soils [J]. Soil Dynamics & Earthquake Engineering, 2010, 30 (1): 32-39.

173

［131］ García S R，Romo M P，Botero E. A neurofuzzy system to analyze liquefaction-induced lateral spread ［J］. Soil Dynamics & Earthquake Engineering，2008，28 (3)：169-180.

［132］ Haldar S，Babu G L S. Failure mechanisms of pile foundations in liquefiable soil：parametric study ［J］. International Journal of Geomechanics，2010，10 (2)：74-84.

［133］ Murono Y，And Akihiko Nishimura. Evaluation of seismic force of pile foundation induced by inertial and kinematic interaction ［C］. Proc. of 12th World Conference on Earthquake Engineering，2000.

［134］ Klar A，Baker R，Frydman S. Seismic soil-pile interaction in liquefiable soil ［J］. Soil Dynamics & Earthquake Engineering，2004，24 (8)：551-564.

［135］ Elgamal A，Lu J，Forcellini D. Mitigation of Liquefaction-Induced Lateral Deformation in a Sloping Stratum：Three-dimensional Numerical Simulation ［J］. Journal of Geotechnical & Geoenvironmental Engineering，2009，135 (11)：1672-1682.

［136］ Chang D，Boulanger R，Brandenberg S，et al. FEM Analysis of Dynamic Soil-Pile-Structure Interaction in Liquefied and Laterally Spreading Ground ［J］. Earthquake Spectra，2013，29 (3)：733-755.

［137］ Boulanger R W，Kamai R，Ziotopoulou K. Liquefaction induced strength loss and deformation：simulation and design ［J］. Bulletin of Earthquake Engineering，2014，12 (3)：1107-1128.

［138］ Kamai R，Boulanger R W. Simulations of a Centrifuge Test with Lateral Spreading and Void Redistribution Effects ［J］. Journal of Geotechnical & Geoenvironmental Engineering，2012，139 (8)：1250-1261.

［139］ Wang R，Fu P，Zhang J M. Finite element model for piles in liquefiable ground ［J］. Computers & Geotechnics，2016，72：1-14.

［140］ Cheng Z，Jeremić B. Numerical Modeling and Simulation of Soil Lateral Spreading against Piles ［C］. International Foundation Congress and Equipment Expo，2009：183-189.

［141］ Poulos H G，Edward Hughesdon Davis. Pile foundation analysis and design ［M］. Wiley，1980：472-473.

［142］ Tazoh T，Shimizu K，Wakahara T. Seismic observations and analysis of grouped piles. Dynamic response of pile foundations：experiment，analysis and observation ［J］. Geotechnical Special Publication，2010，11：1-20.

［143］ Fan K，Gazetas G，Kaynia A，et al. Kinematic Seismic Response of Single Piles and Pile Groups ［J］. Journal of Geotechnical Engineering，1991，117 (12)：1860-1879.

［144］ Gazetas G，Fan K，Kaynia A. Dynamic response of pile groups with different configurations ［J］. Soil Dynamics & Earthquake Engineering，1993，12 (4)：239-257.

［145］ Mcclelland B. Soil Modulus for Laterally Loaded Piles ［J］. Journal of the Soil Mechanics & Foundations Division，1956，82：1-22.

［146］ Matlock H. Correlation for Design of Laterally Loaded Piles in Soft Clay ［J］. Offshore Technology in Civil Engineering，1970：77-94.

［147］ Institute A P. Planning，Designing and Constructing Fixed Offshore Platforms ［J］，2007.

［148］ Liu L，Dobry R. Effect of liquefaction on lateral response of piles by centrifuge model tests ［C］. The Workshop on New Approaches To Liquefaction Analysis，1999.

［149］ (Aij) A I O J. Recommendations for design of building foundations，2001.

［150］ Rollins K M，Gerber T M，Lane J D，et al. Lateral Resistance of a Full-Scale Pile Group in Liquefied Sand ［J］. Journal of Geotechnical & Geoenvironmental Engineering，2005，131 (1)：

115-125.

[151] Gazetas G, Mylonakis G. Seismic soil-structure interaction: New evidence and emerging issues [J]. Geotechnical Special Publication, 1998, 2 (75): 1119-1174.

[152] 陈国兴. 岩土地震工程学 [M]. 北京: 科学出版社, 2007.

[153] Novak M. Dynamic Stiffness and Damping of Piles [J]. Canadian Geotechnical Journal, 1974, 11 (4): 574-598.

[154] Gazetas G, Dobry R. Simple Radiation Damping Model for Piles and Footings [J]. Journal of Engineering Mechanics, 1984, 110 (6): 937-956.

[155] Abghari A, Chai J. Modeling of soil-pile-superstructure interaction for bridge foundations [J]. Geotechnical Special Publication, 1995 (51): 45-59.

[156] Tabesh A, Poulos H G. Pseudostatic Approach for Seismic Analysis of Single Piles [J]. Journal of Geotechnical & Geoenvironmental Engineering, 2001, 127 (9): 757-765.

[157] Liyanapathirana D S, Poulos H G. Pseudostatic Approach for Seismic Analysis of Piles in Liquefying Soil [J]. Journal of Geotechnical & Geoenvironmental Engineering, 2005, 131 (12): 1480-1487.

[158] Tokimatsu K, Suzuki H, Sato M. Effects of inertial and kinematic interaction on seismic behavior of pile with embedded foundation [J]. Soil Dynamics & Earthquake Engineering, 2005, 25 (7): 753-762.

[159] Adachi N, Suzuki Y, Miura K. Correlation between inertial force and subgrade reaction of pile in liquefied soil [C]. Proceedings of the 13th world conference on earthquake engineering, Vancouver, 2004.

[160] Chang D, Boulanger R W, Kutter B L, et al. Experimental Observations of Inertial and Lateral Spreading Loads on Pile Groups during Earthquakes [C]. Geo-Frontiers Congress, 2005: 1-15.

[161] Khosravifar A. Analysis and design for inelastic structural response of extended pile shaft foundations in laterally spreading ground during earthquakes [J]. Dissertations & Theses -Gradworks, 2012.

[162] Khosravifar A, Boulanger R W, Kunnath S K. Design of Extended Pile Shafts for the Effects of Liquefaction [J]. Earthquake Spectra, 2014, 30 (4): 1775-1799.

[163] Khosravifar A, Boulanger R W, Kunnath S K. Effects of Liquefaction on Inelastic Demands on Extended Pile Shafts [J]. Earthquake Spectra, 2014, 30 (4): 1749-1773.

[164] Gao X, Ling X-Z, Tang L, et al. Soil-pile-bridge structure interaction in liquefying ground using shake table testing [J]. Soil Dynamics and Earthquake Engineering, 2011, 31 (7): 1009-1017.

[165] M W H. Water pressures on dams during earthquakes [J]. Trans ASCE, 1933, 98: 418-432.

[166] 孙海峰, 景立平, 孟宪春, 等. 振动台试验三维叠层剪切箱研制 [J]. 振动与冲击, 2012, 31 (17): 26-32.

[167] Lombardi D, Bhattacharya S. Modal analysis of pile - supported structures during seismic liquefaction [J]. Earthquake Engineering & Structural Dynamics, 2014, 43 (1): 119-138.

[168] Gerber T M. Py curves for liquefied sand subject to cyclic loading based on testing of full-scale deep foundations [D]. Brigham Young University. Department of Civil and Environmental Engineering, 2003.

[169] http://opensees.berkeley.edu/ [J].

[170] Tang L, Ling X, Zhang X, et al. Response of a RC pile behind quay wall to liquefaction-induced lateral spreading: a shake-table investigation [J]. Soil Dynamics and Earthquake Engineering,

2015，76：69-79.

[171] Boulanger R W, Curras C J, Kutter B L, et al. Seismic Soil-Pile-Structure Interaction Experiments and Analyses [J]. Journal of Geotechnical & Geoenvironmental Engineering, 1999, 125 (9): 750-759.

[172] Brinch-Hansen J. The ultimate resistance of rigid piles against transversal forces [J]. Geoteknisk Instit., Bull., 1961.

[173] Brandenberg S J, Boulanger R W, Kutter B L, et al. Observations and Analysis of Pile Groups in Liquefied and Laterally Spreading Ground in Centrifuge Tests [C]. The Workshop on Seismic Performace & Simulation of Pile Foundations in Liquefied & Laterally Spreading Ground, 2005: 161-172.

[174] Institute A P. Recommended practice for planning, designing and constructing fixed offshore platforms-working stress design, 2000.

[175] 李雨润, 袁晓铭, 梁艳. 桩-液化土相互作用 py 曲线修正计算方法研究 [J]. 岩土工程学报, 2009, 31 (4): 595-599.

[176] Baker J W, Lin T, Shahi S K, et al. New ground motion selection procedures and selected motions for the PEER transportation research program [R]. Pacific Earthquake Engineering Research Center, University of California, Berkeley, Berkeley, CA, PEER Report, 2011.

[177] Mcgann C R, Arduino P, Mackenzie-Helnwein P. Simplified procedure to account for a weaker soil layer in lateral load analysis of single piles [J]. Journal of Geotechnical and Geoenvironmental Engineering, 2011, 138 (9): 1129-1137.

[178] Yang Z, Elgamal A, Parra E. Computational Model for Cyclic Mobility and Associated Shear Deformation [J]. Journal of Geotechnical & Geoenvironmental Engineering, 2003, 129 (12): 1119-1127.

[179] Vytiniotis A. Contributions to the analysis and mitigation of liquefaction in loose sand slopes [D]. Massachusetts Institute of Technology, 2011.

[180] Kuhlemeyer R L, Lysmer J. Finite element method accuracy for wave propagation problems [J]. Journal of Soil Mechanics & Foundations Div, 1973, 99 (5): 421-427.

[181] Chiaramonte M M, Arduino P, Lehman D E, et al. Seismic analyses of conventional and improved marginal wharves [J]. Earthquake Engineering & Structural Dynamics, 2013, 42 (10): 1435-1450.

[182] Parra-Colmenares E J. Numerical modeling of liquefaction and lateral ground deformation including cyclic mobility and dilation response in soil systems [J], 1997.

[183] Carlson N N, Miller K. Design and application of a gradient-weighted moving finite element code I: in one dimension [J]. SIAM Journal on Scientific Computing, 1998, 19 (3): 728-765.

[184] https: //www. gidhome. com/ [M].

[185] 苏雷. 液化侧向扩展场地桩—土体系地震模拟反应分析 [D]. 哈尔滨工业大学, 2016.

[186] Martinelli M, Burghignoli A, Callisto L. Dynamic response of a pile embedded into a layered soil [J]. Soil Dynamics and Earthquake Engineering, 2016, 87: 16-28.

[187] Chang D. Inertial And Lateral Spreading Demands On Soil Pile Structure Systems In Liquefied And Laterally Spreading Ground During Earthquakes [D]. University of California, Davis, 2007.